Excel效率手册

用函数更快更好
搞定数据分析

曾令建　编著

U0277691

全彩印刷
＋
视频讲解

人民邮电出版社

北　京

图书在版编目（CIP）数据

Excel效率手册：用函数更快更好搞定数据分析：全彩印刷+视频讲解 / 曾令建编著. —— 北京：人民邮电出版社，2019.10
（职场技能提升系列）
ISBN 978-7-115-51852-1

Ⅰ. ①E… Ⅱ. ①曾… Ⅲ. ①表处理软件 Ⅳ.
①TP391.13

中国版本图书馆CIP数据核字(2019)第179891号

内 容 提 要

本书精心挑选热门、高频、实用案例，讲解Excel函数在文本、统计、数学、逻辑、查找、引用等方面的应用，帮助Excel新手成为高手！

全书100个纯技巧，涵盖行政、文秘、人事、财务、会计、市场、销售等多个岗位，帮助大家高效做事！

本书适合读者：市场营销人员、平台运营人员、数据分析人员、企业行政管理人员、人力资源管理人员、统计分析人员等。

◆ 编　著　曾令建
　　责任编辑　马　霞
　　责任印制　周昇亮

◆ 人民邮电出版社出版发行　　北京市丰台区成寿寺路 11 号
　　邮编　100164　电子邮件　315@ptpress.com.cn
　　网址　http://www.ptpress.com.cn
　　北京虎彩文化传播有限公司印刷

◆ 开本：700×1000　1/16
　　印张：12.25　　　　　　　　2019 年 10 月第 1 版
　　字数：268 千字　　　　　　　2025 年 1 月北京第 26 次印刷

定价：55.00 元

读者服务热线：(010)81055296　印装质量热线：(010)81055316
反盗版热线：(010)81055315
广告经营许可证：京东市监广登字 20170147 号

序言 PREFACE

作为世界500强公司数据部门的高级数据分析师，笔者对Excel有独到的理解，熟知其中的各种应用方法和技巧，这些方法应用在实际工作中，大大地提高了工作效率。笔者把实际案例发布在微信公众号、抖音、今日头条和悟空问答等平台后，受到广泛关注，这些Excel文章累计阅读量200万，这些短视频累计播放量4 000万。

亲爱的读者，您能翻开本书，乃笔者之荣幸。本书主要讲述Excel的相关技巧。笔者在工作中发现，很多人因Excel操作技能的缺乏，导致工作效率低下，以致经常加班。问及原因，皆认为Excel太难而不敢下手。其实，Excel的基本操作并不难，掌握其常用功能即可让工作游刃有余！本书不遵循教科书的写作方法，而是采用案例形式，从实际应用出发，讲述Excel最常用的技巧，因而能够快速提高学习效率。希望本书的内容能给您的工作和生活带来实质性的帮助。

为什么写本书

工作几年，笔者经历过很多坎坷，跳过很多坑才学会这些技能，无人指引的进步非常缓慢。笔者不希望这些经历在更多人身上重演，然而一个人精力有限，笔者只能影响身边的人，所以有了这本书。笔者希望通过这本书，能给更多人带来一些引导，能达成两个目的：第一，让阅读本书的读者切实学到一些东西，为工作、生活带来一点改变；第二，希望学会了这些技巧的读者将这些东西分享给更多需要的人。

谁适合阅读本书

"让读者正确理解并应用Excel"是本书的主要目标。本书的内容比较浅显易懂，适合需要使用Excel办公的人，有最基础的数据输入技巧，有实用的应用小技巧，也有数据透视表的基础应用，有进阶版的函数使用方法，更有实际应用的综合小案例。只要是工作生活中需要用到Excel的人，都可将本书作为一本常备工具书。

如何阅读本书

首先，建议读者在阅读本书的同时上手操练。本书内容所涉及的实践操作，全部基于Excel 2016，大部分案例兼容其他Excel版本，"快速填充""WEBSERVICE"函数等少量内容仅限2013以上版本Excel使用，建议阅读本书的读者安装Office 2013以上版本。

本书的主要结构分为三大块，分别是基础入门篇、函数进阶篇和综合实战篇，附录为各种快捷键的查询表。

函数入门篇包含各种数据输入的小技巧、Excel表格制作的小技巧和数据透视表的常规应用；函数进阶篇包含文本、统计、数学、逻辑、查找、引用等各类函数的基础用法和进阶用法；综合实战篇包含工作中常见的实际案例，如工资条制作、中英文翻译、证件照背景颜色替换等常见场景。

本书定位是一本常备工具书，不一定要按书中编排的顺序阅读，建议初次阅读本书的读者先翻阅目录，对整本书的内容结构有所了解之后，按自己的工作需要阅读，若在阅读过程中遇到难点，建议结合书中案例实际操作。

寄　语

最后，送给大家一句话：

学习是一种行动反射，不是单纯地阅读文字，而要切己体察，代入自己，事上琢磨，落实行动，达到"知行合一"的境界，才能事半功倍。

曾令建

2019年8月

基础入门篇

第1章　各类数据的输入与填充　/　002

第2章　工作表格的应用技巧　/　020

函数进阶篇

第6章　数学函数处理运算问题 / 082

第7章　逻辑函数实现智能判断与预测 / 095

第8章　查找函数快速筛选数据 / 102

第9章　引用函数轻松调用数据 / 124

综合实战篇

第10章　日常：轻松搞定生活难题　/　142

第11章　办公：高效工作不用加班　/　156

基础入门篇

名	面试评
宇	85
丽	75
刘学	70
略	88

添加前缀

Excel:	10个必备公式
Excel:	函数公式大全
Excel:	目录制作
Excel:	按颜色求和
Excel:	MID函数
Excel:	VLOOKUP函数
Excel:	个人所得税计算
	高颜值横板

	省	
云区	广东省	广州市
市长安区	河北省	石家庄市
章贡区	江西省	赣州市
龙湖区	广东省	深圳市
龙川县	广东省	河源市
子区	辽宁省	大连市
	辽宁省	大

	姓名	业
0001	周密	8563
10002	马克	7896
10004	朱利安	8895
10005	曾羽菲	1587
007	刘�	6521
	常宇	

第 1 章　各类数据的输入与填充

　　我们在应用Excel软件时，经常会遇到数据输入不成功和批量提取、拆分、合并一些数据文件的情况，每当碰上这些小麻烦又不知道该怎么解决时，总需要求助他人或上网搜查。本章针对以上情况，精选日常生活和工作中比较常见的案例，结合理论与实操进行详细讲解，帮助用户规避数据输入不成功的情况，并掌握通过填充功能批量提取、拆分、合并数据的操作技巧。

姓名	面试评分	是否合格
刘宇	85	☑
周丽	75	☒
曾刚学	70	☒
常路	88	☑

文章名	添加前缀："Excel:"
10个必备公式	Excel: 10个必备公式
函数公式大全	Excel: 函数公式大全
目录制作	Excel: 目录制作
按颜色求和	Excel: 按颜色求和
MID函数	Excel: MID函数
VLOOKUP函数	Excel: VLOOKUP函数
个人所得税计算	Excel: 个人所得税计算
高效模板	Excel: 高效模板

省	市	区	合并地址
广东省	广州市	白云区	广东省广州市白云区
河北省	石家庄市	长安区	河北省石家庄市长安区
江西省	赣州市	章贡区	江西省赣州市章贡区
广东省	深圳市	龙湖区	广东省深圳市龙湖区
广东省	河源市	龙川县	广东省河源市龙川县
辽宁省	大连市	甘井子区	辽宁省大连市甘井子区
辽宁省	大连市	凌水区	辽宁省大连市凌水区

地址	省	市	区
广东省广州市白云区	广东省	广州市	白云区
河北省石家庄市长安区	河北省	石家庄市	长安区
江西省赣州市章贡区	江西省	赣州市	章贡区
广东省深圳市龙湖区	广东省	深圳市	龙湖区
广东省河源市龙川县	广东省	河源市	龙川县
辽宁省大连市甘井子区	辽宁省	大连市	甘井子区
辽宁省大连市凌水区	辽宁省	大连市	凌水区

1.1　各类数据的输入

　　很多人在应用Excel的过程中总会碰到数据输入不成功、数据输入错误的情况，那么是否有一劳永逸的解决方法呢？答案是肯定的，本节精选了几个数据输入的常用案例，包括输入以0开头的编号、输入16位以上的长数字、输入限制数据类型的数据、输入带边框的勾和叉以及借助输入法输入常见符号等，帮助用户解决数据输入不成功的烦恼。

实例1　如何输入以0开头的编号

　　在Excel工作表中，当用户在单元格中直接输入以0开头的编号时，会出现输入不成功的情况，如图1-1所示，输入"0001"，按回车键确认后，单元格会显示为1，前面的0会消失不见。

　　用户可以通过设置"自定义"单元格格式来解决，下面介绍具体的应用方法。

	A	B	C	D	E
1	编号	产品	入库数量	出库数量	结存数量
2	0001	AT-5	150000	25456	124544
3		AG-3	135600	2548	133052
4		AV-2	155335	25486	129849
5	输入	AT-6	26596	1255	25341
6		AG-1	156858	1853	155005
7		AB-8	1535	1535	0
8		AV-5	26598	25000	1598
9		AF-6	15448	13448	2000
10		AE-6	26568	2500	24068
11		AE-5	395962	5855	390107

	A	B	C	D	E
1	编号	产品	入库数量	出库数量	结存数量
2	1	AT-5	150000	25456	124544
3		AG-3	135600	2548	133052
4	显示	AV-2	155335	25486	129849
5		AT-6	26596	1255	25341
6		AG-1	156858	1853	155005
7		AB-8	1535	1535	0
8		AV-5	26598	25000	1598
9		AF-6	15448	13448	2000
10		AE-6	26568	2500	24068
11		AE-5	395962	5855	390107

图1-1 输入以0开头的编号不成功示例

【实例1】如何输入以0开头的编号

视频文件

步骤01 单击"文件"|"打开"命令，打开一个产品库存表素材文件，如图1-2所示。

	A	B	C	D	E
1	编号	产品	入库数量	出库数量	结存数量
2		AT-5	150000	25456	124544
3		AG-3	135600	2548	133052
4		AV-2	155335	25486	129849
5		AT-6	26596	1255	25341
6		AG-1	156858	1853	155005
7		AB-8	1535	1535	0
8		AV-5	26598	25000	1598
9		AF-6	15448	13448	2000
10		AE-6	26568	2500	24068
11		AE-5	395962	5855	390107

图1-2 打开素材文件

步骤02 选中A列，单击鼠标右键，在弹出的快捷菜单中，选择"设置单元格格式"选项，如图1-3所示。

图1-3 选择"设置单元格格式"选项

步骤03 弹出"设置单元格格式"对话框，切换至"数字"选项卡，如图1-4所示。

图1-4 切换至"数字"选项卡

步骤04 单击"自定义"选项，展开相应面板，如图1-5所示。

图1-5 单击"自定义"选项

步骤05 删除"类型"文本框中的默认格式"G/通用格式"，并输入"0000"，如图

1-6所示。

图1-6　输入"0000"

步骤06 单击"确定"按钮，返回工作表，在A列单元格中输入以0开头的编号，如图1-7所示。

	A	B	C	D	E
1	编号	产品	入库数量	出库数量	结存数量
2	0001	AT-5	150000	25456	124544
3	0002	AG-3	135600	2548	133052
4	0003	AV-2	155335	25486	129849
5	0004	AT-6	26596	1255	25341
6	0005	AG 输入 8	1853	155005
7	0006	AB-8	1535	1535	0
8	0007	AV-5	26598	25000	1598
9	0008	AF-6	15448	13448	2000
10	0009	AE-6	26568	2500	24068
11	0010	AE-5	395962	5855	390107

图1-7　输入以0开头的编号

实例2　如何输入11位以上的长数字

我们经常需要在Excel工作表中输入长数字，如身份证号码、电话号码、订单编号、快递单号、银行账号等。输入11位以内的数字，单元格会完整显示，当超过11位数字时，数字不会完整显示，如图1-8所示，E2单元格为11位数、E3单元格为12位数、E4单元格为17位数，仅E2单元格中的数字完整显示。

下面介绍通过设置"文本"单元格格式，在订单情况表E列单元格中输入16位以

上的订单编号，并使其显示完整。

E3		fx	123456789101	
	A	B	C	D	E
	顾客名称	产品	型号	数量	订单编号
2	咕咕鸡	方格衬衫	L	1	12345678910
3	小林	牛仔裤	L	1	1.23457E+11
4	smile	加绒外套	M	1	
5	会飞的鱼	加绒卫衣	XL	1	
6	LHMF	咖啡色长款风衣	S	1	
7	爱吃鱼的猫	印花长T恤	M	1	
8	老狼	破洞牛仔外套	XXL	1	

E4		fx	12345678910123400	
	A	B	C	D	E
	顾客名称	产品	型号	数量	订单编号
2	咕咕鸡	方格衬衫	L	1	12345678910
3	小林	牛仔裤	L	1	1.23457E+11
4	smile	加绒外套	M	1	1.23457E+16
5	会飞的鱼	加绒卫衣	XL	1	
6	LHMF	咖啡色长款风衣	S	1	
7	爱吃鱼的猫	印花长T恤	M	1	
8	老狼	破洞牛仔外套	XXL	1	

图1-8　长数字不完整显示

【实例2】如何输入11位以上的长数字

视频文件

步骤01 单击"文件"|"打开"命令，打开一个订单情况表素材文件，如图1-9所示。

	A	B	C	D	E
	顾客名称	产品	型号	数量	订单编号
2	咕咕鸡	方格衬衫	L	1	
3	小林	牛仔裤	L	1	
4	smile	加绒外套	M	1	
5	会飞的鱼	加绒卫衣	XL	1	
6	LHMF	咖啡色长款风衣	S	1	
7	爱吃鱼的猫	印花长T恤	M	1	
8	老狼	破洞牛仔外套	XXL	1	
9	菲菲	短款羽绒服	XL	1	

图1-9　打开素材文件

步骤**02**选中E1：E9单元格，单击鼠标右键，在弹出的快捷菜单中，选择"设置单元格格式"选项，如图1-10所示。

图1-10　选择"设置单元格格式"选项

小贴士

　　在工作表中设置单元格格式，可以按【Ctrl+1】组合键，快速打开"设置单元格格式"对话框，或在"开始"功能区中的"数字"区域内，单击"数字格式"下拉按钮，在弹出的下拉列表中选择相应格式。

步骤**03**弹出"设置单元格格式"对话框后，在"数字"选项卡中，单击"文本"选项，如图1-11所示。

图1-11　单击"文本"选项

步骤**04**单击"确定"按钮，返回工作表，

在E列单元格中输入16位以上的订单编号，效果如图1-12所示。

顾客名称	产品	型号	数量	订单编号
咕咕鸡	方格衬衫	L	1	12345678910123456
小林	牛仔裤	L	1	12345678910123457
smile	加绒外套	M	1	12345678910123458
会飞的鱼	加绒卫衣	XL	1	12345678910123459
LHMF	咖啡色长款风衣	S	1	12345678910123460
爱吃鱼的猫	印花长T恤	M	1	12345678910123461
老狼	破洞牛仔外套	XXL	1	12345678910123462
菲菲	短款羽绒服	XL	1	12345678910123463

图1-12　输入16位以上的订单编号的效果

实例3　如何输入限制数据类型的数据

　　我们在Excel工作表中输入数字时，经常会出现多输入或少输入的情况，在数据较少时还可以人工检验出错误，在数据较多时，容易产生视觉疲劳，令人眼花缭乱，人工检验这个方法就不可行了。这时，用户可以通过"数据验证"功能，验证限制数据类型的数据，如图1-13所示，当单元格中输入的数字出错时，会弹出信息提示框，提示用户输入不匹配。

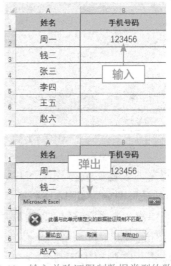

图1-13　输入并验证限制数据类型的数据

下面介绍在工作表中输入限制数据类型的具体应用。

【实例3】如何输入限制数据类型的数据

步骤01 单击"文件"|"打开"命令，打开一个电话簿素材文件，并选中B2：B7单元格，如图1-14所示。

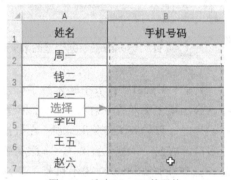

图1-14 选中B2：B7单元格

步骤02 在菜单栏中，单击"数据"菜单，如图1-15所示。

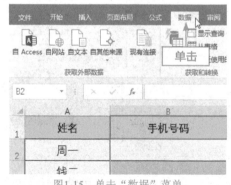

图1-15 单击"数据"菜单

步骤03 在"数据工具"选项区中，单击"数据验证"图标，如图1-16所示。

步骤04 弹出"数据验证"对话框后，在"设置"选项卡中，单击"允许"下方的下拉按钮，在弹出的下拉列表中，选择"文本长度"选项，如图1-17所示。

图1-16 单击"数据验证"图标

图1-17 选择"文本长度"选项

步骤05 手机号码为11位数，在"最小值"下方的文本框中，输入"11"，限制单元格数据最少输入位数，如图1-18所示。

图1-18 输入"11"（1）

步骤06 在"最大值"下方的文本框中，输入"11"，限制单元格数据最多输入位数，如图1-19所示。

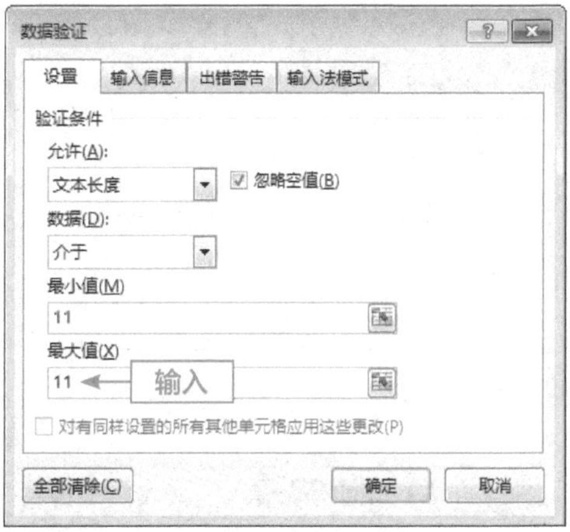

图1-19　输入"11"（2）

步骤07 单击"确定"按钮，返回工作表，在B2：B7单元格中输入11位数字之外的任意位数字，如图1-20所示。

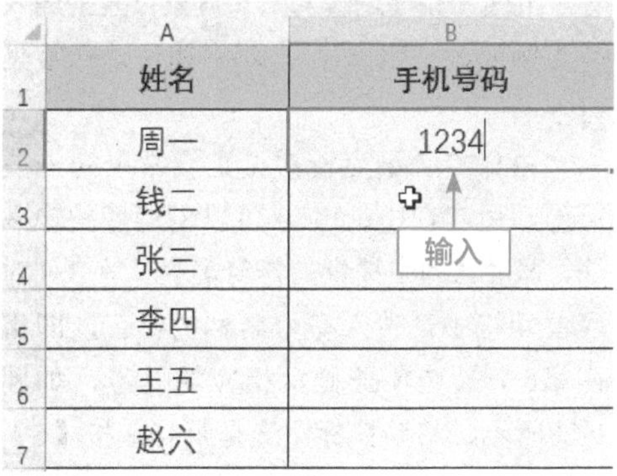

	A	B
1	姓名	手机号码
2	周一	1234
3	钱二	⊕
4	张三	
5	李四	
6	王五	
7	赵六	

图1-20　输入11位数字之外的任意位数字

步骤08 按回车键确认后，就会弹出信息提示框，提示用户"此值与此单元格定义的数据验证限制不匹配"，如图1-21所示。

图1-21　弹出信息提示框

步骤09 单击"重试"或"取消"按钮，即可在工作表中重新输入手机号码，及时规避输入数字时输多或输少的情况。

实例4　如何输入带边框的勾和叉

　　这里介绍Wingdings符号字体系列，它可以直接把字幕变换为不同样式的符号，例如书本、手势、眼镜、箭头等。大家都知道，通过输入法或特殊符号键盘可以在Excel工作表中输入勾和叉，但是这两种方法都没有直接输入来得方便。在Excel中，用户可以通过设置Wingdings字体，在工作表中输入带边框的勾和叉，如图1-22所示。

姓名	面试评分	是否合格
刘宇	85	☑
周丽	75	☒
曾刚学	70	☒
常路	88	☑

图1-22　输入带边框的勾和叉

　　下面介绍在Excel工作表中，输入带边框的勾和叉的应用方法。

【实例4】如何输入带边框的勾和叉

视频文件

步骤01 单击"文件"|"打开"命令，打开一个面试评分表素材文件，并选中C列单元格，如图1-23所示。

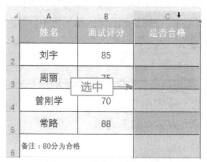

图1-23　选中C列单元格

步骤02 在功能区中，单击"字体"下拉按钮，弹出下拉列表，如图1-24所示。

图1-24　单击"字体"下拉按钮

步骤03 拖曳下拉列表框中的滑块至最底部，选择"Wingdings 2"选项，如图1-25所示。

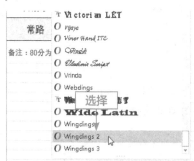

图1-25　选择"Wingdings 2"选项

步骤04 在工作表C列单元格中，根据评分，对于80分以上的人员，在C列对应的单元格中输入大写字母R；反之，则输入大写字母Q，效果如图1-26所示。

图1-26　输入字母效果

实例5　如何借助输入法输入常见符号

在Excel制表输入数据的过程中，经常需要在表格内输入各种各样的符号，例如"√""×""☆""★""≠""……"等，下面介绍通过输入法（这里以搜狗输入法为例），在Excel工作表中如何输入常见符号。

图1-27所示为较常见且较常用的一些符号，用户在Excel中，可以借助搜狗输入法，根据A列中提供的符号名称，在B列对应单元格中，输入符号名称的拼音，即可在第5个候选项处显示相应的符号，如图1-28所示，移动鼠标，选择符号或按【5】键即可将字符输入B列单元格中。

A	B
借助搜狗输入法，在Excel中快速输入常见符号	
符号名称	符号
对	√
错	×
百分号	‰
立方	m^3 ³
平方	²
千分号	‰
正负号	±
五角星	☆
摄氏度	C°
不等于	≠
不大于	≯
不小于	≮
省略号	……
上	↑
下	↓
左	←
右	→

图1-27　常见且常用的符号

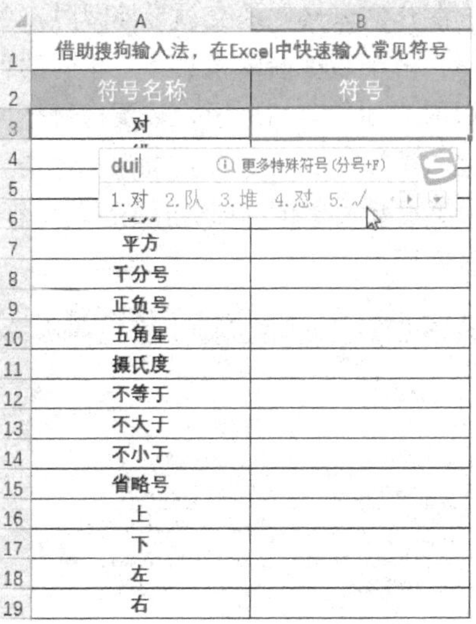

图1-28　输入符号名称的拼音

1.2　各类数据的填充

在Excel中，有多种填充数据单元格的方式，其中最广为人知的是下拉填充方式，此外，还可以通过双击单元格右下角自动填充方式、单击功能区中的"快速填充"按钮以及按【Ctrl+E】组合键等方式进行填充。本节主要介绍在Excel工作表中，如何通过填充功能，批量提取、拆分工作表中的数据信息，包括提取身份证号码中的出生日期、批量添加前缀、组合员工姓名职位字符串、提取括号内信息、合并多列数据、拆分多列数据、交换数据位置等实操内容，帮助用户提高工作效率。

📄 实例6 **如何快速提取身份证号码中的出生日期**

一提到提取身份证号码中的出生日期，很多人都会想到用函数、代码公式来提取，其实根本就不用那么麻烦，下面介绍一个可以快速批量提取身份证号码中出

生日期的应用方法，相信可以帮助大家节省很多烦琐的步骤（文中的身份证号均为虚拟号码）。

【实例6】如何快速提取身份证号码中的出生日期

步骤01 单击"文件"|"打开"命令，打开一个提取出生日期表的素材文件，如图1-29所示。

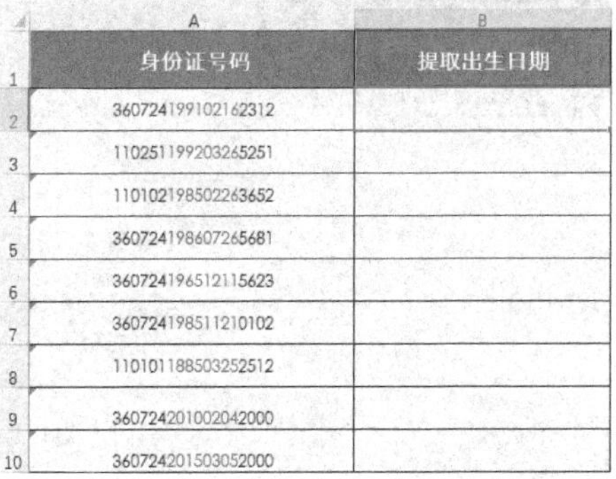

图1-29　打开素材文件

步骤02 选中B2单元格，在其中输入A2单元格中标记为红色字体的出生日期，按回车键确认，如图1-30所示。

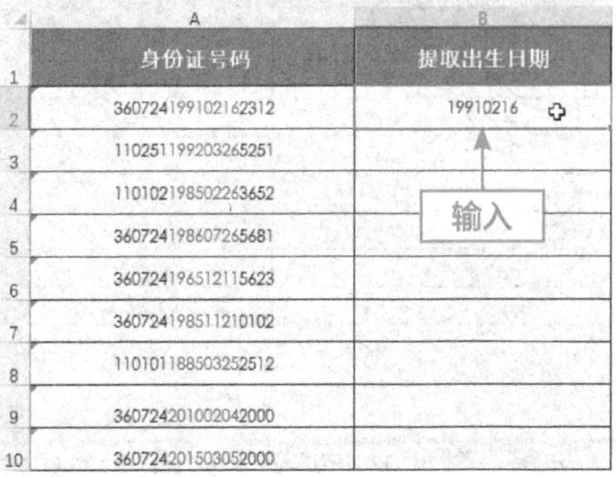

图1-30　输入出生日期

步骤03 单击B2单元格右下角，并下拉拖曳填充至B10单元格，效果如图1-31所示。

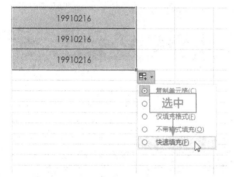

图1-31　下拉拖曳填充的效果

步骤04 单击右下角的"自动填充选项"下拉按钮，在弹出的下拉列表中选中"快速填充"单选按钮，如图1-32所示。

| 19910216 |
| 19910216 |
| 19910216 |

- 复制单元格(C)
- **选中**
- 仅填充格式(F)
- 不带格式填充(O)
- 快速填充(F)

图1-32　选中"快速填充"单选按钮

步骤05 执行操作后，即可通过自动填充功能快速提取身份证号码中的出生日期，效果如图1-33所示。

身份证号码	提取出生日期
360724199102162312	19910216
110251199203265251	19920326
110102198502263652	19850226
360724198607265681	19860726
360724196512115623	19651211
360724198511210102	19851121
110101188503252512	18850325
360724201002042000	20100204
360724201503052000	20150305

图1-33　提取出生日期的效果

 实例7 如何批量给表格中的文章名添加前缀

不知道你有没有碰到过这样的情况：

当你制作完表格，递交领导检阅时，领导要你在每个名称前面添加一个相同的前缀或后缀，如图1-34所示，需要在每个文章名称前添加"Excel："，如果你一个一个地去添加就太费事了，通过填充操作就可以批量添加。

文章名	添加前缀："Excel："
10个必备公式	Excel：10个必备公式
函数公式大全	Excel：函数公式大全
目录制作	Excel：目录制作
按颜色求和	Excel：按颜色求和
MID函数	Excel：MID函数
VLOOKUP函数	Excel：VLOOKUP函数
个人所得税计算	Excel：个人所得税计算
高效模板	Excel：高效模板

图1-34　批量在文章名前添加前缀

下面介绍在Excel工作表中，批量给表格中的文章名添加前缀的具体应用。

【实例7】如何批量给表格中的文章名添加前缀

步骤01 单击"文件"|"打开"命令，打开一个批量添加前缀表的素材文件，如图1-35所示。

	A	B
1	文章名	添加前缀："Excel："
2	10个必备公式	
3	函数公式大全	
4	目录制作	
5	按颜色求和	
6	MID函数	
7	VLOOKUP函数	
8	个人所得税计算	
9	高效模板	

图1-35　打开素材文件

步骤02 选中B2单元格，在其中输入添加了前缀的文章名"Excel：10个必备公式"，按回车键确认，如图1-36所示。

文章名	添加前缀："Excel:"
10个必备公式	Excel: 10个必备公式
函数公式大全	
目录制作	
按颜色求和	
MID函数	
VLOOKUP函数	
个人所得税计算	
高效模板	

图1-36 输入添加了前缀的文章名

步骤03输入完成后，双击B2单元格右下角，填充表格数据，效果如图1-37所示。

文章名	添加前缀："Excel:"
10个必备公式	Excel: 10个必备公式
函数公式大全	Excel: 11个必备公式
目录制作	Excel: 12个必备公式
按颜色求和	Excel: 13个必备公式
MID函数	Excel: 14个必备公式
VLOOKUP函数	Excel: 15个必备公式
个人所得税计算	Excel: 16个必备公式
高效模板	Excel: 17个必备公式

图1-37 填充表格数据的效果

步骤04单击B9单元格右下角的"自动填充选项"下拉按钮，在弹出的下拉列表中选中"快速填充"单选按钮，如图1-38所示。

图1-38 选中"快速填充"单选按钮

步骤05执行操作后，即可通过自动填充功能在表格中的文章名前批量添加前缀，效果如图1-39所示。

文章名	添加前缀："Excel:"
10个必备公式	Excel: 10个必备公式
函数公式大全	Excel: 函数公式大全
目录制作	Excel: 目录制作
按颜色求和	Excel: 按颜色求和
MID函数	Excel: MID函数
VLOOKUP函数	Excel: VLOOKUP函数
个人所得税计算	Excel: 个人所得税计算
高效模板	Excel: 高效模板

图1-39 在表格中的文章名前批量添加前缀的效果

实例8 如何一键组合员工姓名职位字符串

在一些报表中，一般不会直接将主管、课长、部长、经理等人员的名称直接写在里面，而用××经理、××部长来代替称呼，这样既可以知道指的是谁，又可以点明其职位等级，下面介绍通过填充功能组合员工姓名和职位字符串的具体应用。

【实例8】如何一键组合员工姓名职位字符串

视频文件

步骤01单击"文件"|"打开"命令，打开一个姓名职位组合表的素材文件，如图1-40所示。

步骤02选中C2单元格，在其中输入组合的称呼名"刘总经理"，按回车键确认，如图1-41所示。

步骤03输入完成后，选中C2：C9单元格，如图1-42所示。

	A	B	C
1	姓名	职位	智能组合
2	刘雨	总经理	
3	关云	总监	
4	张达一	经理	
5	曹梅林	董事长	
6	郭慕期	经理	
7	昌源	经理	
8	徐东	主管	
9	周瑾瑜	总监	

图1-40　打开素材文件

	A	B	C
1	姓名	职位	智能组合
2	刘雨	总经理	刘总经理
3	关云	总监	
4	张达一	经理	
5	曹梅林	董事长	
6	郭慕期	经理	
7	昌源	经理	
8	徐东	主管	
9	周瑾瑜	总监	

输入

图1-41　输入组合的称呼名

	A	B	C
1	姓名	职位	智能组合
2	刘雨	总经理	刘总经理
3	关云	总监	
4	张达一	经理	
5	曹梅	选中	
6	郭慕期	经理	
7	昌源	经理	
8	徐东	主管	
9	周瑾瑜	总监	

图1-42　选中C2：C9单元格

步骤04 在"开始"功能区中的"编辑"选项区中，单击"填充"下拉按钮，在弹出的下拉列表中，选择"快速填充"选项，如图1-43所示。

图1-43　选择"快速填充"选项

步骤05 执行操作后，即可通过快速填充功

能一键组合员工姓名+职位字符串，效果如图1-44所示。

	A	B	C
1	姓名	职位	智能组合
2	刘雨	总经理	刘总经理
3	关云	总监	关总监
4	张达一	经理	张经理
5	曹梅林	董事长	曹董事长
6	郭慕期	经理	郭经理
7	昌源	经理	昌经理
8	徐东	主管	徐主管
9	周瑾瑜	总监	周总监

图1-44　组合员工姓名+职位字符串的效果

实例9　如何提取括号内员工手机号码信息

日常办公时，经常需要置换表格内容，比如将A列中原来的数据信息，提取保留需要的部分数据信息，如图1-45所示，需要将括号内员工手机号码信息批量提取出来。

	A	B
1	姓名&手机号	手机号
2	李丽（133xxxxxxxx）	133xxxxxxxx
3	张瑶（135xxxxxxxx）	135xxxxxxxx
4	艾米（130xxxxxxxx）	130xxxxxxxx
5	马克（155xxxxxxxx）	155xxxxxxxx
6	朱莉（152xxxxxxxx）	152xxxxxxxx
7	李莉安（156xxxxxxxx）	156xxxxxxxx
8	唐宋（188xxxxxxxx）	188xxxxxxxx
9	展梅斯（189xxxxxxxx）	189xxxxxxxx

图1-45　提取括号内员工手机号码信息

下面介绍通过填充功能，将员工姓名后面括号中的手机号码信息提取出来的应用操作。

【实例9】如何提取括号内员工手机号码信息

视频文件

步骤01单击"文件"|"打开"命令，打开一个提取手机号码的素材文件，如图1-46所示。

	A	B
1	姓名&手机号	手机号
2	李丽（133xxxxxxxx）	
3	张瑶（135xxxxxxxx）	
4	艾米（130xxxxxxxx）	
5	马克（155xxxxxxxx）	
6	朱莉（152xxxxxxxx）	
7	李莉安（156xxxxxxxx）	
8	唐末（188xxxxxxxx）	
9	晨梅斯（189xxxxxxxx）	

图1-46　打开素材文件

步骤02选中B2单元格，在其中输入A2单元格员工姓名后面括号中的手机号码，按回车键确认，如图1-47所示。

	A	B
1	姓名&手机号	手机号
2	李丽（133xxxxxxxx）	133xxxxxxxx
3	张瑶（135xxxxxxxx）	
4	艾米（130xxxxxxxx）	**输入**
5	马克（155xxxxxxxx）	
6	朱莉（152xxxxxxxx）	
7	李莉安（156xxxxxxxx）	
8	唐末（188xxxxxxxx）	
9	晨梅斯（189xxxxxxxx）	

图1-47　输入手机号码

步骤03输入完成后，选中B2：B9单元格，如图1-48所示。

	A	B
1	姓名&手机号	手机号
2	李丽（133xxxxxxxx）	133xxxxxxxx
3	张瑶（135xxxxxxxx）	
4	艾米 **选中**	
5	马克	
6	朱莉（152xxxxxxxx）	
7	李莉安（156xxxxxxxx）	
8	唐末（188xxxxxxxx）	
9	晨梅斯（189xxxxxxxx）	

图1-48　选中B2：B9单元格

步骤04在"开始"功能区中的"编辑"选项区中，单击"填充"下拉按钮，在弹出的下拉列表中，选择"快速填充"选项，如图1-49所示。

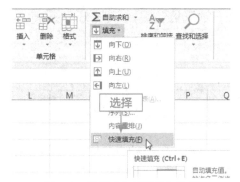

图1-49　选择"快速填充"选项

步骤05执行操作后，即可通过快速填充功能批量提取括号内员工手机号码信息，如图1-50所示。

	A	B
1	姓名&手机号	手机号
2	李丽（133xxxxxxxx）	133xxxxxxxx
3	张瑶（135xxxxxxxx）	135xxxxxxxx
4	艾米（130xxxxxxxx）	130xxxxxxxx
5	马克（155xxxxxxxx）	155xxxxxxxx
6	朱莉（152xxxxxxxx）	152xxxxxxxx
7	李莉安（156xxxxxxxx）	156xxxxxxxx
8	唐末（188xxxxxxxx）	188xxxxxxxx
9	晨梅斯（189xxxxxxxx）	189xxxxxxxx

图1-50　批量提取括号内员工手机号码信息

实例10　如何智能合并省、市、区多列数据

现如今寄快递基本都不需要手写快递单了，扫描二维码即可下载电子单，或者直接将寄件地址以信息的方式发送给快递员，请快递员填写电子单。但问题在于每个地址都太长了，一个一个去输入实在太麻烦。最方便的办法是将收件人的地址保存在Excel文件中，然后复制粘贴地址信息即可，但是很多人在登记收件人信息时，为了方便查阅或其他原因，将省、市、区分列登记，在寄件录入地址的时候就需要将这些数据进行多列合并，如图1-51所示。

省	市	区	合并地址
广东省	广州市	白云区	广东省广州市白云区
河北省	石家庄市	长安区	河北省石家庄市长安区
江西省	赣州市	章贡区	江西省赣州市章贡区
广东省	深圳市	龙湖区	广东省深圳市龙湖区
广东省	河源市	龙川县	广东省河源市龙川县
辽宁省	大连市	甘井子区	辽宁省大连市甘井子区
辽宁省	大连市	凌水区	辽宁省大连市凌水区

图1-51　合并省、市、区多列数据

下面介绍通过填充应用，智能合并省、市、区多列数据的具体操作。

【实例10】如何智能合并省、市、区多列数据

视频文件

步骤01单击“文件”|“打开”命令，打开一个合并地址表的素材文件，如图1-52所示。

	A	B	C	D
1	省	市	区	合并地址
2	广东省	广州市	白云区	
3	河北省	石家庄市	长安区	
4	江西省	赣州市	章贡区	
5	广东省	深圳市	龙湖区	
6	广东省	河源市	龙川县	
7	辽宁省	大连市	甘井子区	
8	辽宁省	大连市	凌水区	

图1-52　打开素材文件

步骤02选中D2单元格，在其中输入A2：C2单元格中数据完整的省、市、区地址信息，按回车键确认，如图1-53所示。

	A	B	C	D
1	省	市	区	合并地址
2	广东省	广州市	白云区	广东省广州市白云区
3	河北省	石家庄市	长安区	
4	江西省	赣州市	章贡区	
5	广东省	深圳市	龙湖区	输入
6	广东省	河源市	龙川县	
7	辽宁省	大连市	甘井子区	
8	辽宁省	大连市	凌水区	

图1-53　输入完整的省、市、区地址信息

步骤03输入完成后，选中D2：D8单元格，如图1-54所示。

	A	B	C	D
1	省	市	区	合并地址
2	广东省	广州市	白云区	广东省广州市白云区
3	河北省	石家庄市	长安区	
4	江西省	赣州市	章贡区	
5	广东省		湖区	
6	广东省	河源市	龙川县	
7	辽宁省	大连市	甘井子区	
8	辽宁省	大连市	凌水区	

选中

图1-54　选中D2：D8单元格

步骤04按【Ctrl+E】组合键，快速填充选中的单元格，将A：C列中的省、市、区多列数据合并至D列，如图1-55所示。

	A	B	C	D
1	省	市	区	合并地址
2	广东省	广州市	白云区	广东省广州市白云区
3	河北省	石家庄市	长安区	河北省石家庄市长安区
4	江西省		贡区	江西省赣州市章贡区
5	广东省	深圳市	龙湖区	广东省深圳市龙湖区
6	广东省	河源市	龙川县	广东省河源市龙川县
7	辽宁省	大连市	甘井子区	辽宁省大连市甘井子区
8	辽宁省	大连市	凌水区	辽宁省大连市凌水区

合并

图1-55　合并省、市、区多列数据信息

实例11　如何快速拆分省、市、区多列数据

上一例讲解了如何将省、市、区多列数据合并，方便复制并粘贴完整的地址信息。本例要讲解的是将地址信息拆分为省、市、区多列数据，方便进行查阅、排序、筛选等操作，效果如图1-56所示。

地址	省	市	区
广东省广州市白云区	广东省	广州市	白云区
河北省石家庄市长安区	河北省	石家庄市	长安区
江西省赣州市章贡区	江西省	赣州市	章贡区
广东省深圳市龙湖区	广东省	深圳市	龙湖区
广东省河源市龙川县	广东省	河源市	龙川县
辽宁省大连市甘井子区	辽宁省	大连市	甘井子区
辽宁省大连市凌水区	辽宁省	大连市	凌水区

图1-56　拆分地址为省、市、区多列数据的效果

下面介绍通过【Ctrl+E】组合键，快速拆分省、市、区多列数据的具体操作。

【实例11】如何快速拆分省、市、区多列数据

视频文件

步骤01 单击“文件”|“打开”命令，打开一个拆分地址表的素材文件，如图1-57所示。

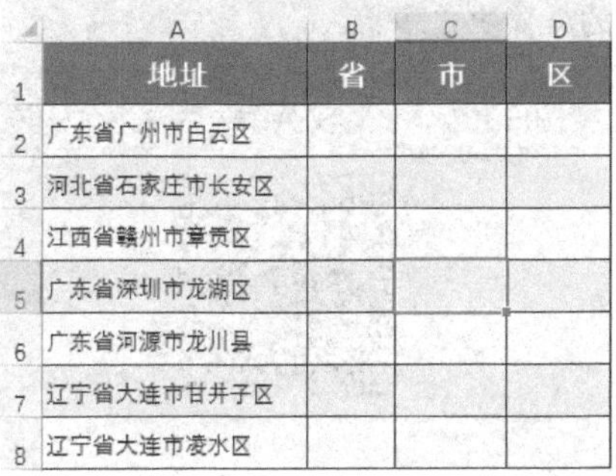

地址	省	市	区
广东省广州市白云区			
河北省石家庄市长安区			
江西省赣州市章贡区			
广东省深圳市龙湖区			
广东省河源市龙川县			
辽宁省大连市甘井子区			
辽宁省大连市凌水区			

图1-57　打开素材文件

步骤02 在B2：D2单元格中，分别输入相应的省、市、区地址信息，按回车键确认，如图1-58所示。

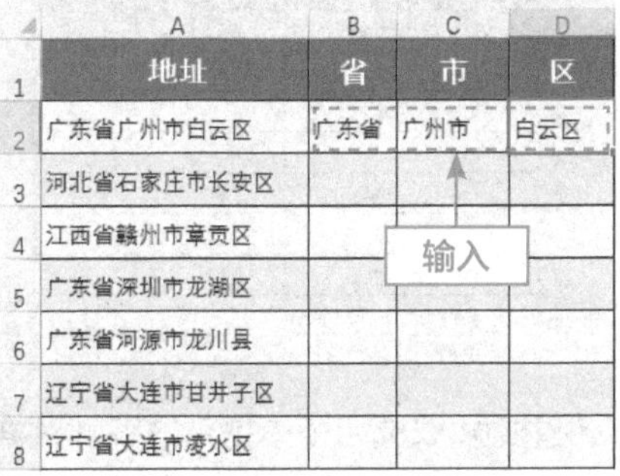

地址	省	市	区
广东省广州市白云区	广东省	广州市	白云区
河北省石家庄市长安区			
江西省赣州市章贡区			
广东省深圳市龙湖区			
广东省河源市龙川县			
辽宁省大连市甘井子区			
辽宁省大连市凌水区			

图1-58　输入相应的省、市、区地址信息

步骤03 输入完成后，选中B2：B8单元格，如图1-59所示。

步骤04 按【Ctrl+E】组合键，快速填充选中的单元格，将A列中的“省”数据信息拆分至B列，如图1-60所示。

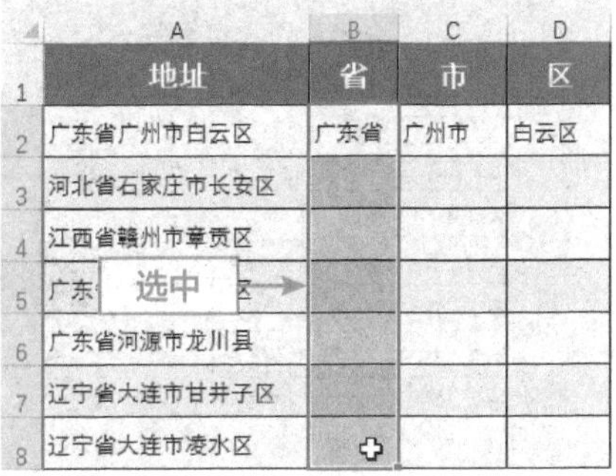

地址	省	市	区
广东省广州市白云区	广东省	广州市	白云区
河北省石家庄市长安区			
江西省赣州市章贡区			
广东省深圳市龙湖区			
广东省河源市龙川县			
辽宁省大连市甘井子区			
辽宁省大连市凌水区			

图1-59　选中B2：B8单元格

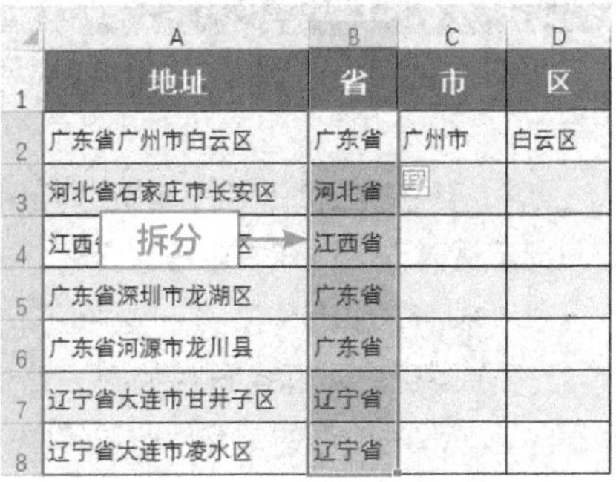

地址	省	市	区
广东省广州市白云区	广东省	广州市	白云区
河北省石家庄市长安区	河北省		
江西省赣州市章贡区	江西省		
广东省深圳市龙湖区	广东省		
广东省河源市龙川县	广东省		
辽宁省大连市甘井子区	辽宁省		
辽宁省大连市凌水区	辽宁省		

图1-60　拆分“省”数据信息

步骤05 执行操作后，用同样的方法，选中C3单元格并输入“石家庄市”，然后选中C2：C8单元格，按【Ctrl+E】组合键，快速填充选中的单元格，将A列中的“市”数据信息拆分至C列，如图1-61所示。

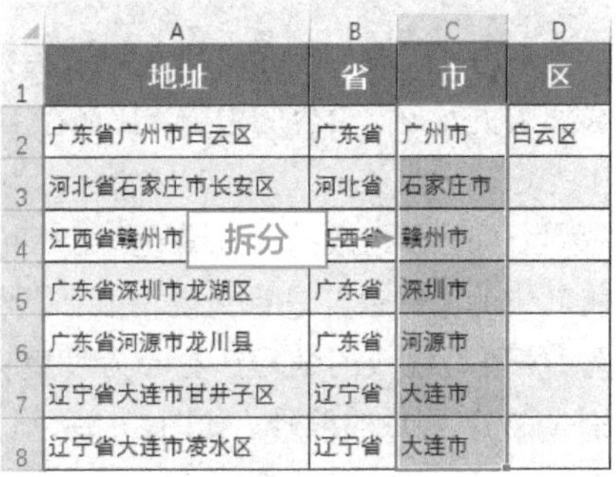

地址	省	市	区
广东省广州市白云区	广东省	广州市	白云区
河北省石家庄市长安区	河北省	石家庄市	
江西省赣州市章贡区	江西省	赣州市	
广东省深圳市龙湖区	广东省	深圳市	
广东省河源市龙川县	广东省	河源市	
辽宁省大连市甘井子区	辽宁省	大连市	
辽宁省大连市凌水区	辽宁省	大连市	

图1-61　拆分“市”数据信息

步骤06 选中D3单元格并输入“长安区”，然后选中D2：D8单元格，按【Ctrl+E】组合键，快速填充选中的单元格，将A列中的“区”数据信息拆分至D列，如图1-62所示，执行上述操作后，即可完成将地址快速拆分为省、市、区多列数据的操作。

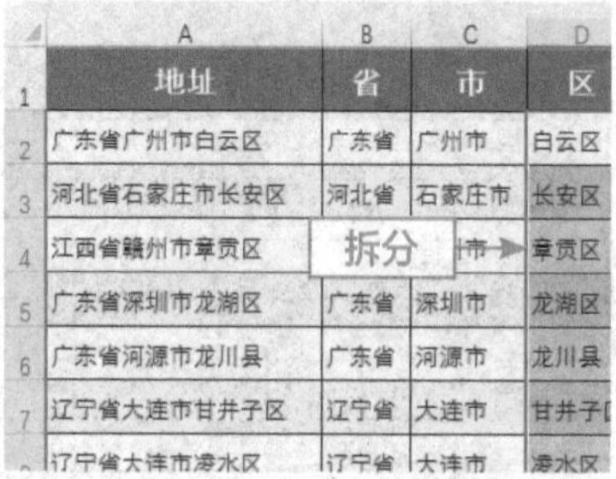

图1-62 拆分"区"数据信息

在操作过程中，需要注意以下几个细节：

（1）当用户按快捷键后弹出识别出错信息提示框时，可以双击首行单元格，再次选中需要填充的单元格重试一遍即可。

（2）当用户发现拆分后的数据信息有误时，可双击错误的单元格修改其中内容，如果修改后其他单元格中的数据发生变化，可撤销后重试。

实例12 如何快速交换编号数据之间的位置

很多时候，我们在完成制表后，会接到领导要求更改数据内容的指令，比如在工作表中有这样一组数据，如图1-63所示，为类别+型号+编码所组成的一组编号数据，现需要将其中的数据位置进行交换，由"类别+型号+编码"组成的编号，更改为"型号+类别+编码"组成的编号，如图1-64所示。

类别+型号+编码
SW-010-00001
SW-070-00023
KW-031-02356
KW-212-03265
WS-023-56412
SW-036-56215
KW-232-56412
KA-233-03265

图1-63 "类别+型号+编码"组成的编号

型号+类别+编码
010-SW-00001
070-SW-00023
031-KW-02356
212-KW-03265
023-WS-56412
036-SW-56215
232-KW-56412

图1-64 "型号+类别+编码"组成的编号

下面介绍通过【Ctrl+E】快速填充组合键，将编号数据之间的位置进行快速交换的具体操作步骤。

【实例12】如何快速交换编号数据之间的位置

视频文件

步骤**01**单击"文件"|"打开"命令，打开一个交换编号位置表的素材文件，如图1-65所示。

	A	B
1	类别+型号+编码	型号+类别+编码
2	SW-010-00001	
3	SW-070-00023	
4	KW-031-02356	
5	KW-212-03265	
6	WS-023-56412	
7	SW-036-56215	
8	KW-232-56412	
9	KA-233-03265	

图1-65 打开素材文件

步骤**02**根据A2单元格中提供的编号数据，选中B2单元格，在其中输入"型号+类别+编码"组成的编号，如图1-66所示。

步骤**03**输入完成后，选中B2:B9单元格，如图1-67所示。

步骤**04**按【Ctrl+E】组合键，快速填充选中的单元格，实现A列中编号数据位置的快速交换，如图1-68所示。

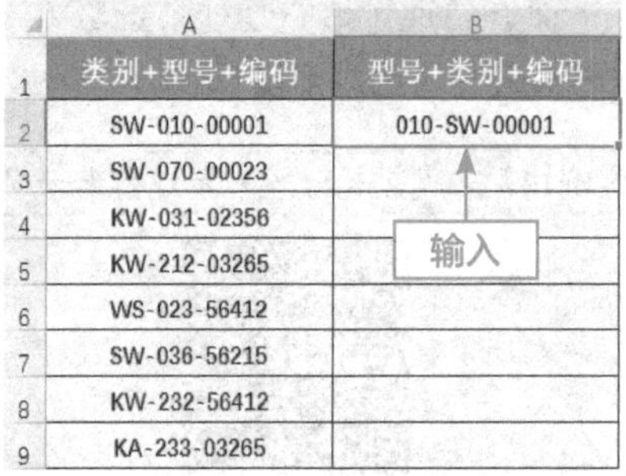

图1-66 输入“型号+类别+编码”组成的编号

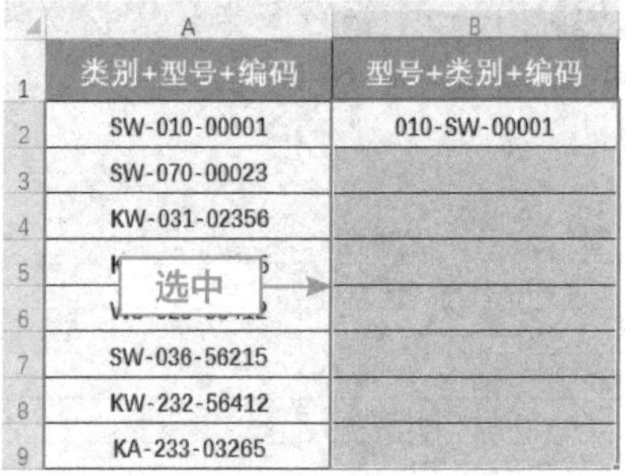

图1-67 选中B2：B9单元格

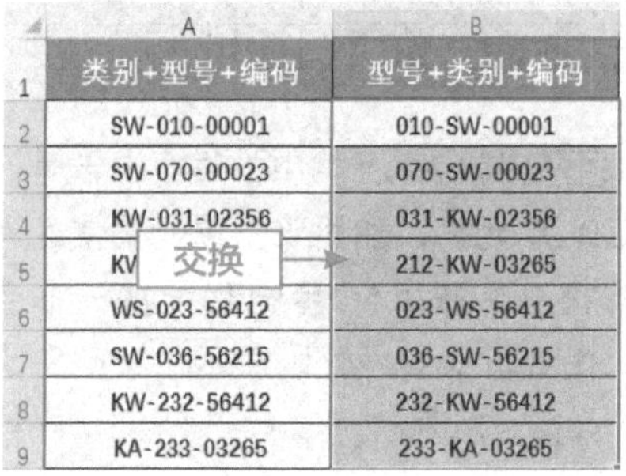

图1-68 快速交换编号数据之间的位置

实例13 如何智能换行显示姓名和地址信息

在Excel工作表中，当单元格数据信息较长时，为了方便排版，需要对数据换行操作，分为两行或三行显示，如图1-69所示，在一个单元格中，换行显示收件人的姓名和地址信息。

收件信息	换行显示
姓名：张晓媛 地址：四川省成都市***	姓名：张晓媛 地址：四川省成都市***

图1-69 换行显示收件人的姓名和地址信息

下面介绍通过【Ctrl+E】快速填充组合键，智能换行显示姓名和地址信息的具体操作。

【实例13】如何智能换行显示姓名和地址信息

视频文件

步骤01 单击“文件”|“打开”命令，打开一个换行显示表的素材文件，如图1-70所示。

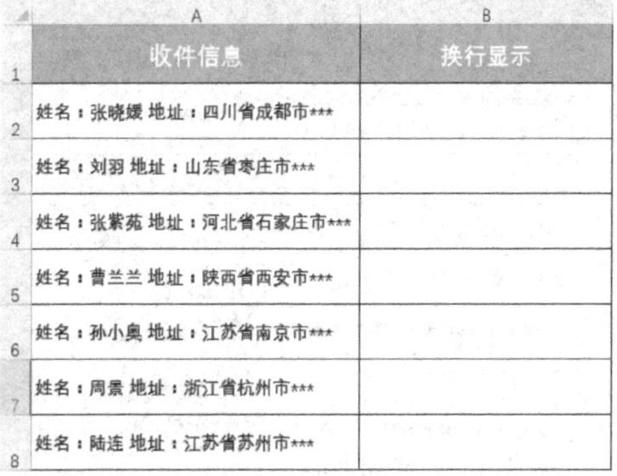

图1-70 打开素材文件

步骤02 复制A2单元格中的信息，并粘贴至B2单元格，如图1-71所示。

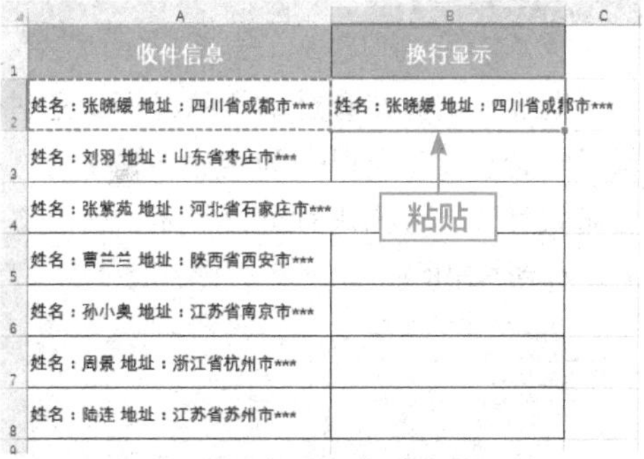

图1-71 复制并粘贴信息

步骤03 将光标移至“地址”前面，按【Alt+Enter】组合键，即可将姓名和地址换行显示，如图1-72所示。

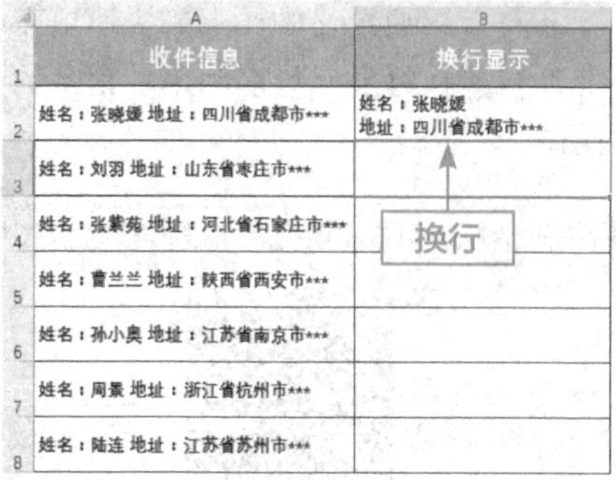

图1-72 将姓名和地址换行显示

步骤04 选中B2：B8单元格，然后按【Ctrl+E】组合键，即可快速填充选中的单元格，批量换行显示A列中的姓名和地址信息，如图1-73所示。

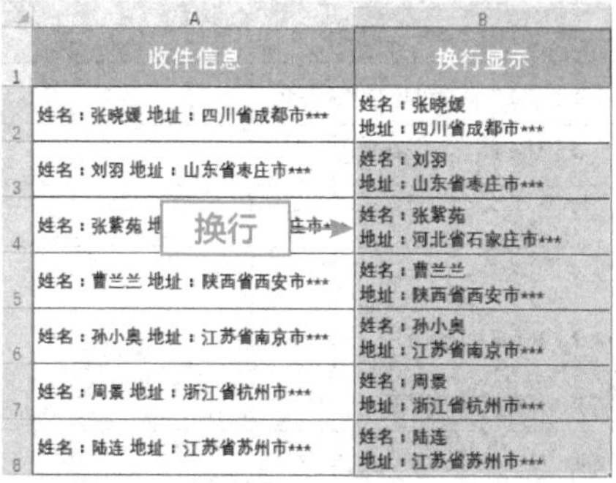

图1-73 批量换行显示姓名和地址信息

实例14 如何轻松分段显示银行卡卡号

财会人员应该有过这样的经历：通过银行卡转账发工资时，为避免转错卡号，会将银行卡卡号码进行分段显示，方便查看，如图1-74所示。

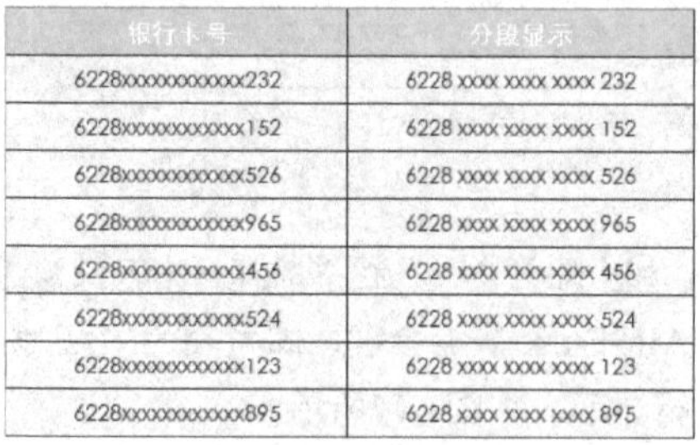

图1-74 分段显示银行卡卡号

下面介绍通过填充功能，批量将银行卡卡号分段显示的应用操作。

【实例14】如何轻松分段显示银行卡卡号

步骤01 打开一个银行卡卡号素材文件，如图1-75所示。

图1-75 打开素材文件

步骤02 复制A2单元格中的银行卡卡号，粘贴至B2单元格，然后双击单元格使之进入编辑状态，在每4个字符后面按一下空格键，使银行卡卡号分段显示，按回车键确认，如图1-76所示。

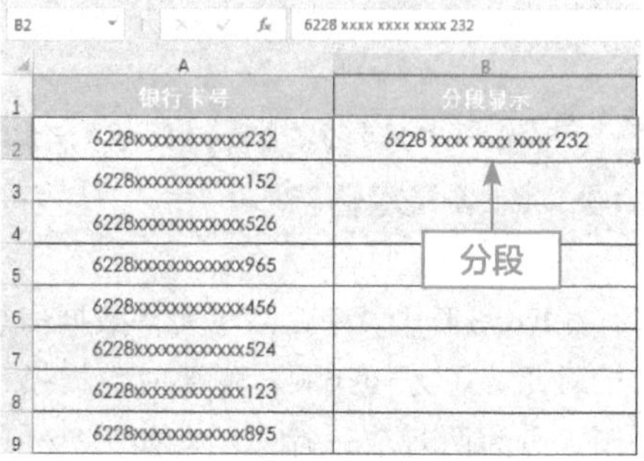

图1-76 使银行卡卡号分段显示

步骤03 选中B2：B9单元格，如图1-77所示。

步骤04 按【Ctrl+E】组合键，快速填充选中的单元格，批量将银行卡卡号分段显示，如图1-78所示。

银行卡号	分段显示
6228xxxxxxxxxxx232	6228 xxxx xxxx xxxx 232
6228xxxxxxxxxxx152	
6228xxx	
6228xxx	
6228xxxxxxxxxxx456	
6228xxxxxxxxxxx524	
6228xxxxxxxxxxx123	
6228xxxxxxxxxxx895	

选中

图1-77 选中B2：B9单元格

银行卡号	分段显示
6228xxxxxxxxxxx232	6228 xxxx xxxx xxxx 232
6228xxxxxxxxxxx152	6228 xxxx xxxx xxxx 152
6228xxxxxxxxxxx526	6228 xxxx xxxx xxxx 526
6228xxxxxxxxxxx965	6228 xxxx xxxx xxxx 965
6228xxx	6228 xxxx xxxx xxxx 456
6228xxxxxxxxxxx524	6228 xxxx xxxx xxxx 524
6228xxxxxxxxxxx123	6228 xxxx xxxx xxxx 123
6228xxxxxxxxxxx895	6228 xxxx xxxx xxxx 895

批量

图1-78 批量将银行卡卡号分段显示

实例15 如何简单提取邮箱ID并大写首字母

本例将讲解发送邮件后，如何将邮箱ID中的前缀进行批量提取并大写首字母，方便记录留档的操作方法，效果如图1-79所示（图中邮箱皆为虚拟邮箱）。

邮箱	前缀
liu@qq.com	Liu
tun@foxmail.com	Tun
ceng@foxmail.com	Ceng
fw@qq.com	Fw

图1-79 提取邮箱ID前缀并大写首字母的效果

下面介绍通过填充功能，批量提取邮箱ID，并大写首字母的应用操作。

【实例15】如何简单提取邮箱ID并大写首字母

步骤01打开一个邮箱号素材文件，如图1-80所示。

邮箱	前缀
liu@qq.com	
tun@foxmail.com	
ceng@foxmail.com	
fw@qq.com	

图1-80 打开素材文件

步骤02复制A2单元格中邮箱ID的前缀，粘贴至B2单元格，并修改首字母为大写，按回车键确认，如图1-81所示。

邮箱	前缀
liu@qq.com	Liu
tun@foxmail.com	
ceng@foxmail.com	
fw@qq.com	

输入

图1-81 修改首字母为大写

步骤03选中B2：B5单元格，按【Ctrl+E】组合键，快速填充选中的单元格，批量提取ID前缀并大写首字母，如图1-82所示。

邮箱	前缀
liu@qq.com	Liu
tun@foxmail.com	Tun
ceng@foxmail.com	Ceng
fw@qq.com	Fw

提取

图1-82 批量提取ID前缀并大写首字母

本章主要介绍Excel工作表的设置应用技巧，内容包括绘制斜线表头、设置条件格式、快速删除空白行、快速对齐姓名、快速添加数据条、利用条件格式编辑规则、将E+恢复原状以及设置保护Excel工作簿等操作应用技巧。这些应用设置在日常生活和办公时经常碰到，但不知道该怎么操作，针对这一痛点，本章精选了一些比较典型的案例进行详细讲解，帮助用户事半功倍地完成工作。

数据表					计划时间段																
序号	项目	开始日期	当前日期	结束日期	22	23	24	25	26	27	28	29	30	01	02	03	04	05	06	07	08	09	10	11
1	项目1	11月15日	11月25日	11月26日																			
2	项目2	11月18日	11月25日	11月29日																			
3	项目3	11月25日	11月25日	12月2日																			
4	项目4	11月23日	11月25日	12月1日																			
5	项目5	11月29日	11月25日	12月5日																			
6	项目6	12月1日	11月25日	12月8日																			

工号	姓名	业绩	达成率	
10001	周密	8563		86%
10002	马克	7896		79%
10004	朱利安	8895		89%
10005	曾羽菲	1587		16%
10007	刘鹃	6521		65%
10008	常宇	4653		47%

序号	项目内容	开始时间	结束时间	计划完成数	实际完成数	完成状态	备注
1	RT-553	1月10日	1月25日	4000	4000	0	按时
2	AG-253	1月13日	1月18日	100000	100000	0	按时
3	UG-550	1月14日	1月18日	50000	50010	10	超量
4	KA-138	1月15日	1月28日	120000	108900	-11100	逾期
5	AG-525	1月15日	1月30日	125000	125000	0	按时
6	NT-230	1月17日	1月23日	8000	8000	0	按时
7	RE-568	1月17日	1月29日	15000	15700	700	超量
8	NT-230	1月17日	1月30日	30000	30800	800	超量
9	RE-568	1月18日	1月29日	25000	20700	-4300	逾期
10	MJ-430	1月20日	1月30日	50000	49800	-200	逾期

2.1　表格的制作技巧

本节主要介绍Excel表格中基础的制作技巧，当然，设置字号、字体、边框等内容就不多介绍了。下面精选了三个制表的基础操作技巧，希望大家学会以后可以举一反三，灵活运用。

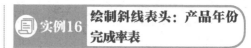

实例16　绘制斜线表头：产品年份完成率表

斜线表头相信大家在各种报表中都看到过，在Excel工作表中，斜线表头有两种绘制方式，一种是单斜线表头，另一种是多斜线表头，如图2-1所示。

年份\品名	2016年	2017年	2018年
连衣裙	51%	81%	85%
针织衫	90%	67%	88%
毛衣	80%	55%	70%
卫衣	45%	53%	76%
牛仔裤	55%	88%	90%

年份\品名\完成率	2016年	2017年	2018年
连衣裙	51%	81%	85%
针织衫	90%	67%	88%
毛衣	80%	55%	70%
卫衣	45%	53%	76%
牛仔裤	55%	88%	90%

图2-1　单斜线表头和多斜线表头

1. 绘制单斜线表头

在Excel中绘制单斜线表头的方法比较简单，可以通过设置边框线来制作，下面介绍操作方法。

【实例16】绘制单斜线表头

视频文件

步骤01打开一个斜线表头制作表的素材文件，切换至"单斜线"工作表，如图2-2所示。

	A	B	C	D
1		2016年	2017年	2018年
2	连衣裙	51%	81%	85%
3	针织衫	90%	67%	88%
4	毛衣	80%	55%	70%
5	卫衣	45%	53%	76%
6	牛仔裤	55%	88%	90%

图2-2　打开素材文件

步骤02选中A1单元格，按【Ctrl+1】组合键，打开"设置单元格格式"对话框，如图2-3所示。

图2-3　打开"设置单元格格式"对话框

步骤03切换至"边框"选项卡，在"样式"选项区中，选择第二列倒数第3个线条样式，如图2-4所示。

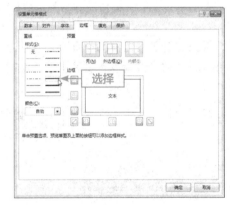

图2-4　选择线条样式

步骤04单击"颜色"下方的下拉按钮，在弹出的颜色面板中，选择"白色"色块，如图2-5所示。

图2-5　选择"白色"色块

步骤05 在"边框"选项区中的文本预览草图右下方，选择最后一个按钮，如图2-6所示，单击"确定"按钮，即可添加边框样式。

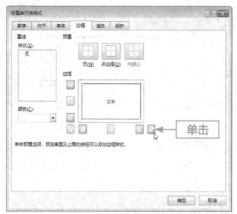

图2-6 选择最后一个按钮

步骤06 在工作表中选中A1单元格，在功能区中单击"对齐方式"选项区中的"左对齐"按钮，如图2-7所示。

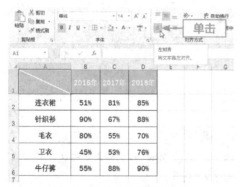

图2-7 单击"左对齐"按钮

> **小贴士**
>
> 用户还可以在对话框中，单击"边框"选项区中的文本预览草图左下方的第一个按钮，制作与图2-7所示相反的对角斜线。

步骤07 对齐方式设置完成后，双击A1单元格，在其中输入表头信息"年份 品名"，如图2-8所示。

年份 品名	2016年	2017年	2018年
连衣裙	51%	81%	85%
针织衫	90%	67%	88%
毛衣	80%	55%	70%
卫衣	45%	53%	76%
牛仔裤	55%	88%	90%

图2-8 输入表头信息

步骤08 将光标移至"品名"前面，按【Alt+Enter】组合键换行，然后在"年份"前面输入空格键，调整"年份"位置，执行操作后，即可完成单斜线表头的制作，最终效果如图2-9所示。

年份 品名	2016年	2017年	2018年
连衣裙	51%	81%	85%
针织衫	90%	67%	88%
毛衣	80%	55%	70%
卫衣	45%	53%	76%
牛仔裤	55%	88%	90%

图2-9 单斜线表头效果

2. 绘制多斜线表头

在Excel中绘制多斜线表头，主要通过直线形状和文本框来制作，下面介绍操作方法。

【实例16】绘制多斜线表头
视频文件

步骤01 打开一个斜线表头制作表的素材文件，切换至"多斜线"工作表，如图2-10所示。

步骤02 单击"插入"菜单，在其功能区中单击"形状"下拉按钮，如图2-11所示。

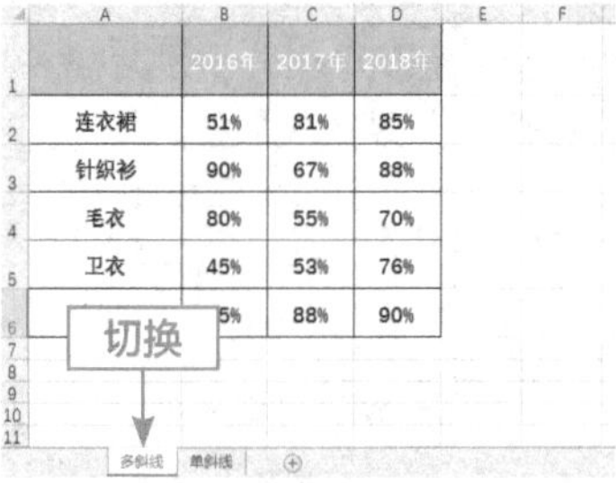

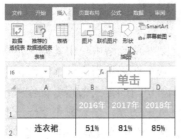

图2-10　切换至"多斜线"工作表

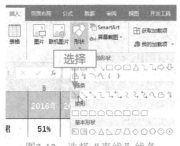

图2-11　单击"形状"下拉按钮

步骤03 在弹出的下拉列表框中,选择"直线"线条,如图2-12所示。

图2-12　选择"直线"线条

步骤04 在单元格左上角单击鼠标左键确认线条的起始点,拖曳光标至单元格右侧边框线三分之二的位置处,释放鼠标左键,确认线条的结束点,如图2-13所示。

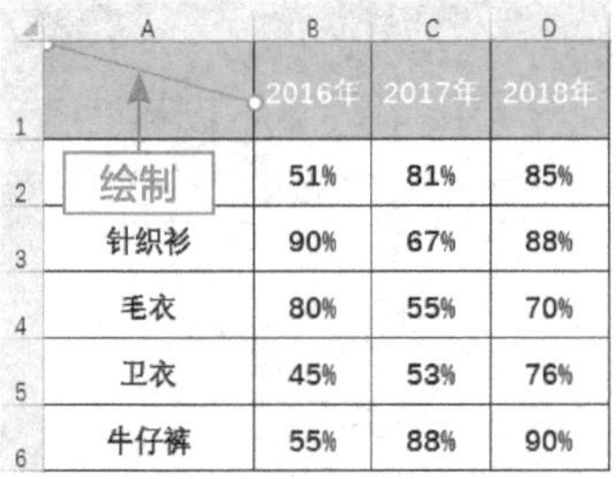

图2-13　绘制一条斜线

步骤05 在"格式"功能区中,设置线条

"形状轮廓"的颜色为"白色"、线条粗细为"1.5磅",如图2-14所示。

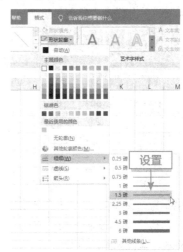

图2-14　设置线条颜色和粗细

步骤06 在A1单元格中复制已绘制好的斜线并粘贴,拖曳线条两端的控制柄,调整起始点和结束点的位置,绘制第二条斜线,如图2-15所示。

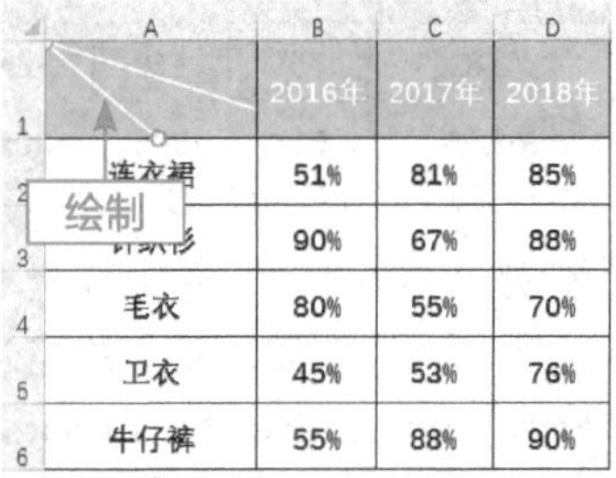

图2-15　绘制第二条斜线

步骤07 线条绘制完成后,在"插入"功能区中,单击"文本框"下拉按钮,在弹出的下拉列表中,选择"绘制横排文本框"选项,如图2-16所示。

图2-16　选择相应选项

步骤08 在A1单元格中绘制一个无轮廓、无填充颜色的文本框，并在其中输入文本内容"年份"，如图2-17所示。

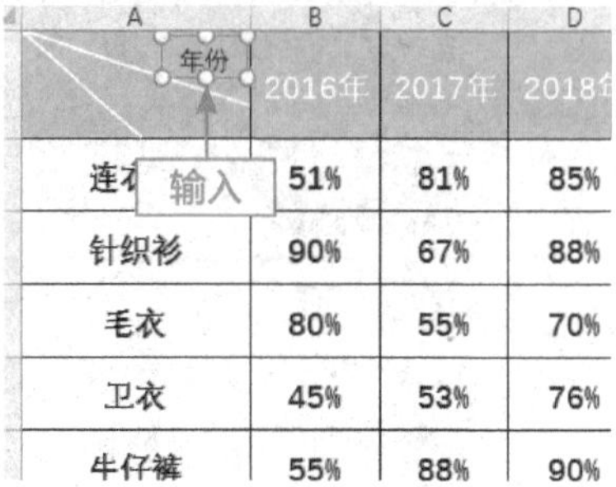

年份 完成率	2016年	2017年	2018年
连衣裙	51%	81%	85%
针织衫	90%	67%	88%
毛衣	80%	55%	70%
卫衣	45%	53%	76%
牛仔裤	55%	88%	90%

图2-17　输入文本内容

步骤09 执行上述操作后，在"开始"功能区中，设置"字体颜色"为"白色"，并加粗文本，效果如图2-18所示。

图2-18　设置字体效果

步骤10 复制上述文本框，并更改文本内容为"完成率"，拖曳文本四周的控制柄，调整至合适位置，效果如图2-19所示。

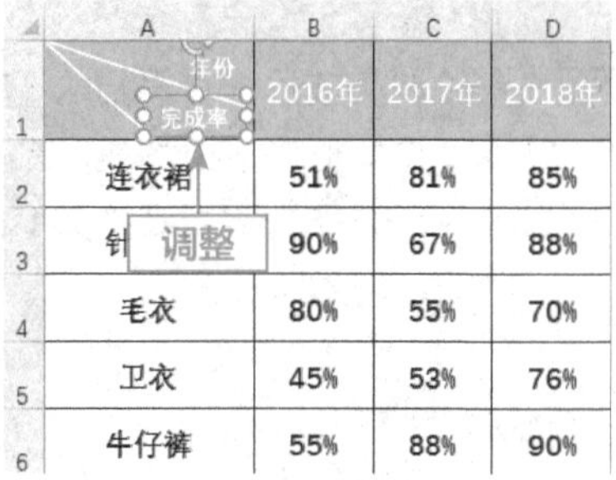

图2-19　调整文本框位置的效果

步骤11 用同样的方法再复制一个文本框，更改内容为"品名"，并调整文本框位置，即可完成多斜线表头的制作，最终效果如图2-20所示。

年份 完成率	2016年	2017年	2018年
连衣裙	51%	81%	85%
针织衫	90%	67%	88%
毛衣	80%	55%	70%
卫衣	45%	53%	76%
牛仔裤	55%	88%	90%

图2-20　最终效果

实例17　固定行号和列号：制作九九乘法表

在某些单元格中使用其他单元格的数据时，我们要采用引用。本实例将讲解通过单元格引用的方式来固定行号和列号，制作九九乘法表，制表前先介绍一下相对引用、绝对引用以及混合引用的含义。

1. 相对引用

相对引用在Excel中主要用于引用单元格的相对位置中的数据，进行函数运算。如图2-21所示，在B4单元格直接输入"=B3"，则可以引用B3单元格中的数据，返回B4单元格的值为1；单击B4单元格右下角向右拖曳，单元格引用会随着位置的移动发生变化，单元格中的公式也会随之由"=B3"自动调整为"=C3"；同理，向下拖曳后，单元格中的公式会由"=B3"自动调整为"=B4"。由此可以得出结论：当向右拖曳单元格时，相对引用公式中的列号会发生改变；当向下拖曳时，行号会发生改变。

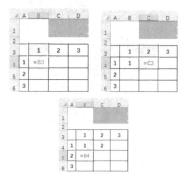

图2-21　相对引用示例

2. 绝对引用

在Excel单元格中的绝对引用即在指定位置引用单元格数据。如图2-22所示，在B4单元格输入"=B3"，然后按【F4】键，公式中会添加两个美元符号，表示对公式绝对引用，与相对引用不同的是无论将单元格向哪个方向拖曳，所有单元格中的公式都与源单元格中一样，不会发生任何变化。

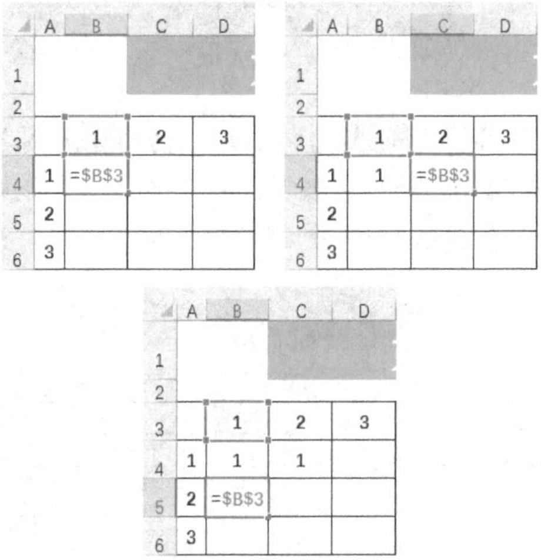

图2-22 绝对引用示例

3. 混合引用

在Excel中，混合引用相当于将绝对引用和相对引用混合重组，可以同时相对引用行、绝对引用列或绝对引用行、相对引用列。如图2-23所示，在B4单元格中输入"=B3"，按【F4】键可以绝对引用，然后第2次按【F4】键，公式会变为"=B\$3"，表示相对引用列、绝对引用行，向右拖曳后，公式会变为"=C\$3"，向下拖曳后，公式不变，即列变行不变；在B4单元格中第3次按【F4】键，公式会变为"=\$B3"，表示绝对引用列、相对引用行，向右拖曳后，公式不变，向下拖曳后，公式变为"=\$B4"，即行变列不变。

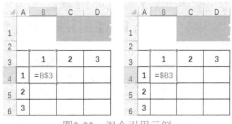

图2-23 混合引用示例

小贴士

在操作过程中，需要注意以下几个细节：

（1）第4次按【F4】键后，公式会变回刚开始输入时的状态。

（2）【F4】键的引用切换功能，只对所选中的公式段起作用。

下面通过制作九九乘法表，在实际操作中介绍如何正确运用【F4】键对单元格进行相对引用、绝对引用以及混合引用的切换。

【实例17】固定行号和列号：制作九九乘法表

视频文件

步骤01 打开一个乘法表的素材文件，如图2-24所示。

图2-24 打开素材文件

步骤02 选中B4单元格，在其中输入"=A4"，按3次【F4】键固定列号，如图2-25所示。

图2-25 输入公式并固定列号

步骤03 执行上述操作后，继续完善公式"=$A4*B3"，按两次【F4】键固定行号，效果如图2-26所示。

图2-26 完善公式并固定行号的效果

步骤04 按回车键结束公式，单击B4单元格右下角，并向右拖曳至J4单元格，填充公式，如图2-27所示。

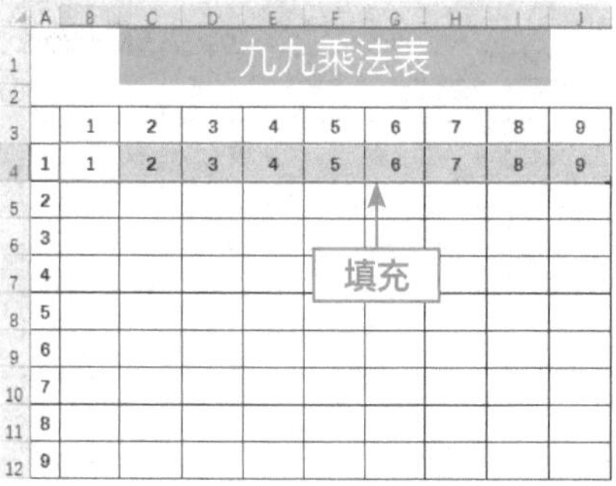

图2-27 填充公式

步骤05 执行上述操作后，选中B4：J4单元格，下拉拖曳填充公式至第12行，如图2-28所示。

图2-28 下拉拖曳填充公式

步骤06 设置B3：J3、A4：A12单元格"填充颜色"为"浅绿"，即可完成九九乘法表的制作，最终效果如图2-29所示。

图2-29 最终效果

小贴士

为了方便查看，可区分乘法表中的表头，用户可以在公式运算开始前，为表头添加背景颜色。

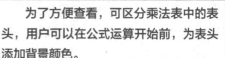

实例18 设置条件格式：生成漂亮的甘特图

职场中我们经常会遇到计划编排和对项目进度的把控，这时候甘特图就派上大用场了。说到图，我们首先想到的就是

Excel图表，其实不用图表，通过设置条件格式也可以生成漂亮的甘特图，效果如图2-30所示，还可以自动更新呢！

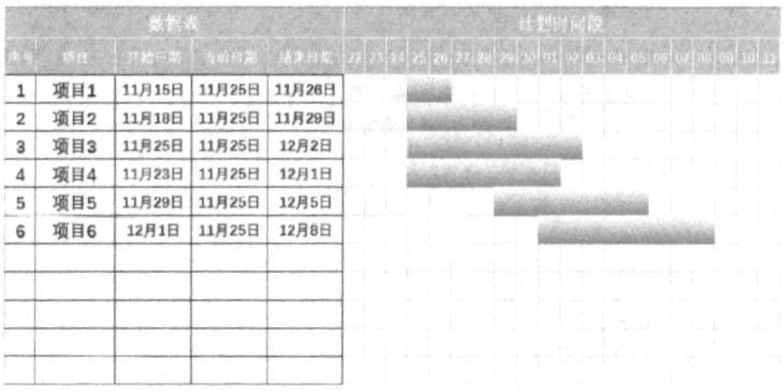

图2-30　甘特图效果

下面介绍通过设置条件格式生成甘特图的具体操作方法。

【实例18】设置条件格式：生成漂亮的甘特图

视频文件

步骤01 打开一个项目进度表的素材文件，并选中F3：Y13单元格区域，如图2-31所示。

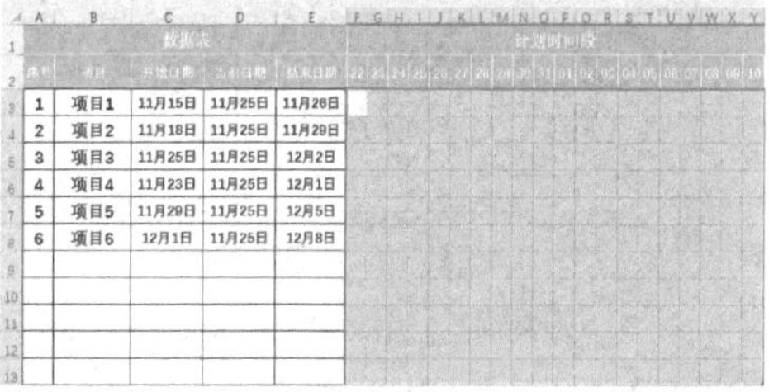

图2-31　选中F3：Y13单元格区域

步骤02 在"开始"功能区中，单击"条件格式"下拉按钮，在弹出的下拉列表中选择"新建规则"选项，如图2-32所示。

图2-32　选择"新建规则"选项

步骤03 弹出"新建格式规则"对话框后，在"选择规则类型"选项区中，选择"使用公式确定要设置格式的单元格"选项，如图2-33所示。

图2-33　选择相应选项

步骤04 在"编辑规则说明"选项区的"为符合此公式的值设置格式"文本框中，输入公式"=(F$2<$D3)*(F$2>=$C3)*(F$2<=$E3)"，定义已完成时间段，如图2-34所示。

图2-34　输入公式

步骤05 单击"格式"按钮，弹出"设置单元格格式"对话框，如图2-35所示。

图2-35　弹出"设置单元格格式"对话框

步骤06切换至"填充"选项卡，单击"填充效果"按钮，如图2-36所示。

图2-36　单击"填充效果"按钮

步骤07弹出"填充效果"对话框，如图2-37所示。

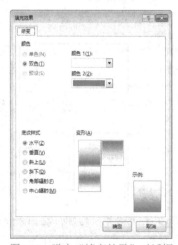

图2-37　弹出"填充效果"对话框

步骤08设置"颜色"为"黄色"，单击"确定"按钮，如图2-38所示。

图2-38　单击"确定"按钮

步骤09继续执行单击"确定"按钮操作，直至返回工作表，即可绘制已完成时间段，效果如图2-39所示。

图2-39　已完成时间段绘制效果

步骤10已完成时间段绘制完成后，用与上同样的方法，再次选中F3：Y13单元格区域，如图2-40所示。

图2-40　再次选中F3：Y13单元格区域

步骤11调出条件格式设置窗口，选择"使用公式确定要设置格式的单元格"选项，在"为符合此公式的值设置格式"文本框中，输入公式"=(F$2>=$D3)*(F$2<=$E3)*(F$2>=$C3)"，定义未完成时间段，再单击"确定"按钮，如图2-41所示。

图2-41 单击"确定"按钮

步骤12单击"格式"按钮，设置"填充效果"为蓝色双色水平渐变，再单击"确定"按钮，如图2-42所示。

图2-42 单击"确定"按钮

步骤13继续执行单击"确定"按钮操作，直至返回工作表，即可绘制未完成时间段，生成最终的甘特图，效果如图2-43所示。

图2-43 生成甘特图效果

小贴士

　　这里需要注意的是，此表只能用于本年度。用于跨年度时，会出现条件格式定义错误的情况，用户可根据本例提供的公式，拓展思维进行修改应用。

2.2 表格的优化技巧

　　在Excel中，有很多设置表格格式的优化技巧，例如快速删除工作表中多余的空白行、去掉文本数据小三角、快速对齐姓名、利用条件格式编辑规则以及设置保护Excel工作簿等，下面一一介绍，帮助用户快速掌握Excel的各种表格应用操作技巧。

实例19　快速删除空白行：员工业绩排名表

　　在Excel中，当我们将表格内的一些数据清除后，会残留很多空白行，工作表会显得很乱，且无法对其进行排序、筛选操作。下面通过"定位"功能，介绍如何快速删除工作表中多余的空白行。

【实例19】快速删除空白行：员工业绩排名表

视频文件

步骤01打开一个员工业绩排名表的素材文件，如图2-44所示，其中第4行和第7行中的数据已经被清除。

	A	B	C	D
1	工号	姓名	业绩	排名
2	10001	周密	8563	2
3	10002	马克	7896	3
4				
5	10004	朱利安	8895	1
6	10005	曾羽菲	1587	6
7				
8	10007	刘鸮	6521	4
9	10008	常宇	4653	5

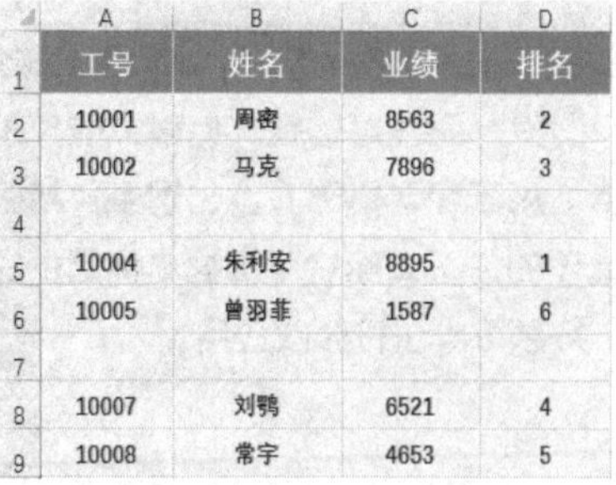

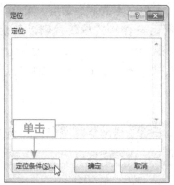

图2-44　打开素材文件

步骤02选中工作表中需要删除空白行的区域，按【Ctrl+G】组合键，弹出“定位”对话框后，单击“定位条件”按钮，如图2-45所示。

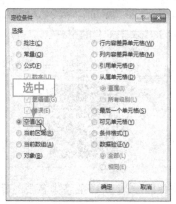

图2-45　单击“定位条件”按钮

步骤03弹出“定位条件”对话框后，选中“空值”单选按钮，如图2-46所示。

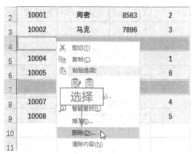

图2-46　选中“空值”单选按钮

步骤04单击“确定”按钮，返回工作表，通过定位条件已在工作表中定位了所选区域中的空值，单击鼠标右键，在弹出的快捷菜单中选择“删除”选项，如图2-47所示。

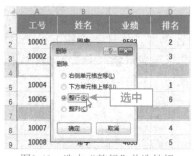

图2-47　选择“删除”选项

步骤05弹出“删除”对话框后，在其中选中“整行”单选按钮，如图2-48所示。

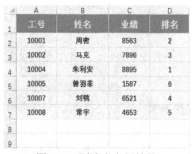

图2-48　选中“整行”单选按钮

步骤06单击“确定”按钮，返回工作表，即可快速删除空白行，效果如图2-49所示。

	A	B	C	D
1	工号	姓名	业绩	排名
2	10001	周密	8563	2
3	10002	马克	7896	3
4	10004	朱利安	8895	1
5	10005	曾羽菲	1587	6
6	10007	刘鸮	6521	4
7	10008	常宇	4653	5
8				
9				

图2-49　删除空白行效果

实例20　去掉文本数据小三角：价格表

在Excel工作表中，很多时候我们将数据导出来之后，单元格左上角会显示一个

文本数据小三角，选中单元格后还会在旁边出现一个感叹号标志，无法进行加减乘除的计算，如图2-50所示。

	A	B	C
1	品种	初始价格KG/元	调整后价格KG/元
2	香蕉	11.8	12
3	苹果	7.8	6.5
4	李子	7.2	7.5
5	橘子	3.5	3

此单元格中的数字为文本格式，或者其前面有撇号。

图2-50　带文本数据小三角的价格表

下面介绍去掉文本数据小三角的具体应用。

【实例20】去掉文本数据小三角：价格表

视频文件

步骤01打开一个水果价格表的素材文件，如图2-51所示。

	A	B	C
1	品种	初始价格KG/元	调整后价格KG/元
2	香蕉	11.8	12
3	苹果	7.8	6.5
4	李子	7.2	7.5
5	橘子	3.5	3
6	甘蔗	15	12
7	荔枝	18	23

图2-51　打开素材文件

步骤02选中带有文本数据小三角标记的单元格区域，如图2-52所示。

	A	B	C
1	品种	初始价格KG/元	调整后价格KG/元
2	香蕉	11.8	12
3	苹果	7.8	6.5
4	李子	7.2	7.5
5	橘子	3.5	3
6	甘蔗	15	12
7	荔枝	18	23

选中 →

图2-52　选中相关区域

步骤03单击旁边出现的感叹号标记下拉按

钮，在弹出的下拉列表中，选择"转换为数字"选项，如图2-53所示。

	A	B	C
1	品种	初始价格KG/元	调整后价格KG/元
2	香蕉	11.8	12
3	苹果		7.5
4	李子		
5	橘子		3
6	甘蔗		12
7	荔枝	18	23

以文本形式存储的数字
转换为数字(C) ← 选择
关于此错误的帮助(H)
忽略错误(I)
在编辑栏中编辑(F)
错误检查选项(O)...

图2-53　选择相应选项

步骤04执行操作后，即可去掉文本数据小三角，并将所选区域中的数据转换为数字，如图2-54所示。

	A	B	C
1	品种	初始价格KG/元	调整后价格KG/元
2	香蕉	11.8	12
3	苹果	7.8	6.5
4	李子	7.2	7.5
5	橘子	3.5	3
6	甘蔗	15	12
7	荔枝	18	23

图2-54　去掉文本数据小三角效果

实例21 快速对齐姓名：员工姓名记录表

在一个公司或一个部门，每个员工的名字字数不可能完全一致，有的名字是两个字，有的是三个字，甚至还有四个字的，记录在工作表中后，会显得字数不对等、参差不齐，很不美观。下面通过设置单元格格式，介绍快速对齐姓名的具体应用。

【实例21】快速对齐姓名：员工姓名记录表

视频文件

步骤01 打开一个员工姓名记录表的素材文件，并选中需要对齐姓名的单元格区域，如图2-55所示。

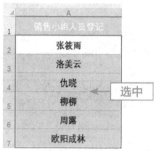

图2-55　选中相关区域

步骤02 按【Ctrl+1】组合键，弹出"设置单元格格式"对话框后，切换至"对齐"选项卡，单击"水平对齐"下方的下拉按钮，在弹出的快捷菜单中，选择"分散对齐（缩进）"选项，如图2-56所示。

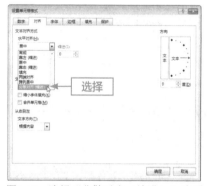

图2-56　选择"分散对齐（缩进）"选项

步骤03 在右侧设置"缩进"为5个字符，如图2-57所示。

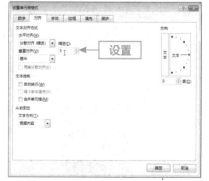

图2-57　设置"缩进"为5个字符

步骤04 单击"确定"按钮，即可快速对齐姓名，效果如图2-58所示。

图2-58　对齐姓名效果

小贴士

　　在"设置单元格格式"对话框中设置缩进字符时，用户可以根据制作的表格大小来调整字符数，并不是固定为几个字符，如果用户不确定，可以先预设一个字符数，返回工作表查看效果，根据效果再进行调整。

实例22 **快速添加数据条：员工业绩达成率**

　　在Excel工作表中，不用插入图表，也可以在表格中添加数据条，图2-59所示为员工业绩达成率数据条，就是根据单元格中提供的数据来绘制相应的数据条。

工号	姓名	业绩	达成率
10001	周密	8563	86%
10002	马克	7896	79%
10004	朱利安	8895	89%
10005	曾羽菲	1587	16%
10007	刘鹗	6521	65%
10008	常宇	4653	47%

图2-59　员工业绩达成率数据条效果

　　下面介绍快速添加数据条的具体应用。

【实例22】快速添加数据条：员工业绩达成率

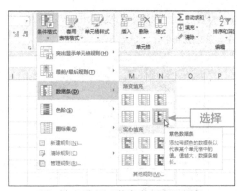

视频文件

步骤01 打开一个员工业绩达成率的素材文件，如图2-60所示。

	A	B	C	D
1	工号	姓名	业绩	达成率
2	10001	周密	8563	86%
3	10002	马克	7896	79%
4	10004	朱利安	8895	89%
5	10005	曾羽菲	1587	16%
6	10007	刘鸭	6521	65%
7	10008	常宇	4653	47%
8				
9				

图2-60　打开素材文件

步骤02 在D9单元格中输入一个辅助数据"100%"，如图2-61所示。

	A	B	C	D
1	工号	姓名	业绩	达成率
2	10001	周密	8563	86%
3	10002	马克	7896	79%
4	10004	朱利安	8895	89%
5	10005	曾羽菲	1587	16%
6	10007	刘鸭	6521	65%
7	10008	常宇	4653	47%
8				
9				100%

输入

图2-61　输入辅助数据100%

步骤03 选中D2：D9单元格，在功能区单击"条件格式"下拉按钮，在弹出的下拉列表框中选择"数据条"选项，在右侧弹出的子选项卡中的"渐变填充"选项区中选择"紫色数据条"图标，如图2-62所示。

步骤04 执行操作后，即可查看工作表中添加数据条后的效果，如图2-63所示。

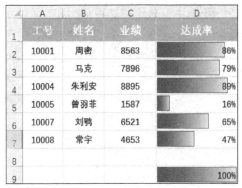

选择

图2-62　选择"紫色数据条"图标

	A	B	C	D
1	工号	姓名	业绩	达成率
2	10001	周密	8563	86%
3	10002	马克	7896	79%
4	10004	朱利安	8895	89%
5	10005	曾羽菲	1587	16%
6	10007	刘鸭	6521	65%
7	10008	常宇	4653	47%
8				
9				100%

图2-63　查看添加数据条的效果

实例23　利用条件格式编辑规则：自动添加业绩表边框

有时候我们在制表完成后，需要添加或减少表格数据，但是工作表中的表格边框已经添加完成，每添加或减少一次数据就需要重新添加一次边框，此时，我们可以利用条件格式编辑规则，设置指定区域单元格自动添加边框。下面介绍自动添加单元格边框的具体应用操作。

【实例23】利用条件格式编辑规则：自动添加业绩表边框

视频文件

步骤01打开一个员工业绩评分表素材文件，如图2-64所示。

编号	姓名	业绩评分
Z0005	王权	89
Z0015	欧阳艳	82
Z0025	杨琼	75
Z0026	安陆	78
Z0033	杨柳絮	92
Z0035	刘淼	96

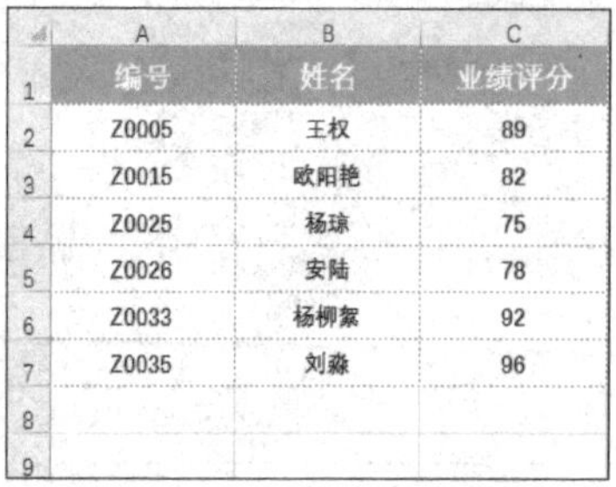

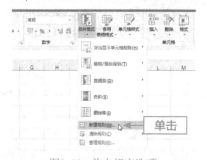

图2-64　打开素材文件

步骤02选中A：C列，如图2-65所示。

编号	姓名	业绩评分
Z0005	王权	89
Z0015	欧阳艳	82
Z0025	杨琼	75
Z0026	安陆	78
Z0033	杨柳絮	92
Z0035	刘淼	96

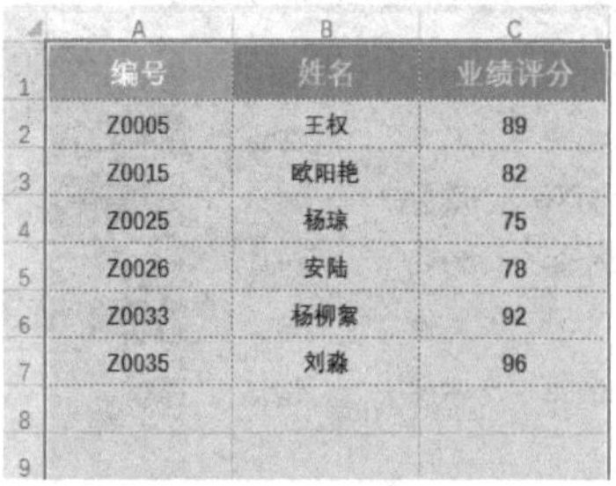

图2-65　选中A：C列

步骤03在“开始”功能区中，单击“条件格式”|“新建规则”选项，如图2-66所示。

图2-66　单击相应选项

步骤04弹出“新建格式规则”对话框后，在“选择规则类型”选项区中选择“使用公式确定要设置格式的单元格”选项，在下方“为符合此公式的值设置格式”文本框中，输入公式“=$A1<>""”，定义A1不为空，如图2-67所示。

步骤05单击“格式”按钮，弹出“设置单元格格式”对话框后，切换至“边框”选项卡，如图2-68所示。

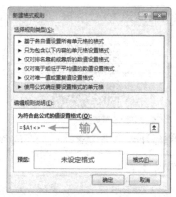

图2-67　输入公式

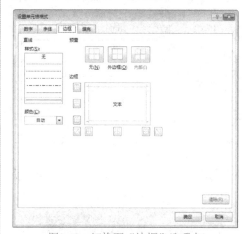

图2-68　切换至“边框”选项卡

步骤06设置边框“样式”为第2个线条样式，设置“颜色”为25%的深蓝色，在“预置”选项区，选中“外边框”图标，如图2-69所示。

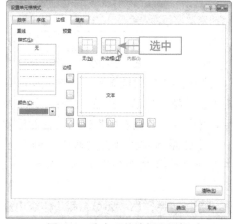

图2-69　选中“外边框”图标

步骤07 执行操作后，单击"确定"按钮直至返回工作表，在A8、A9单元格输入员工编号，A8：C9区域单元格会自动添加边框线，如图2-70所示。

	A	B	C
1	编号	姓名	业绩评分
2	Z0005	王权	89
3	Z0015	欧阳艳	82
4	Z0025	杨琼	75
5	Z0026	安陆	78
6	Z0033	杨柳絮	92
7	Z0035	刘淼	96
8	Z0036		
9	Z0037		

图2-70　自动添加边框线

步骤08 删除A9单元格中的编号，A9：C9单元格中的边框线会自动消失，如图2-71所示。

	A	B	C
1	编号	姓名	业绩评分
2	Z0005	王权	89
3	Z0015	欧阳艳	82
4	Z0025	杨琼	75
5	Z0026	安陆	78
6	Z0033	杨柳絮	92
7	Z0035	刘淼	96
8	Z0036		
9			

图2-71　边框线自动消失

实例24　取消合并单元格：员工业绩数据表

在Excel中，取消合并单元格，相信大家都知道该怎么操作，即在工作表中选中合并的单元格，然后在"开始"功能区中单击"合并后居中"按钮，即可取消合并单元格。

本实例要讲解的是为什么要取消合并单元格。图2-72所示为销售人员的业绩数据表，在A列中已按销售组合并单元格区域，下面通过对该表演示，介绍合并单元格的三大弊端。

	销售组	工号	姓名	业绩
1		A0001	盛世双	956
2	一组	A0002	吴查	789
3		A0005	周露	654
4	二组	A0003	曾光文	455
5		A0007	程昱	358
6		A0004	林佳丽	857
7	三组	A0006	邓晨	289
8		A0008	王子凡	268
9	四组	A0009	刘源	852
10		A0010	林轩	654

图2-72　业绩数据表

1. 无法排序

合并单元格后，会影响工作表排序。如图2-73所示，单击D1单元格中的筛选下拉按钮，在弹出的下拉列表中，选择"降序"排序，使工作表按业绩从高到低进行排序，然而执行操作后，会弹出警示提示框，警示用户"若要执行此操作，所有合并单元格需大小相同"，如图2-74所示，因而无法进行排序。

图2-73　排序操作

图2-74　弹出警示提示框

2. 筛选出错

合并单元格后，会导致筛选出错。如图2-75所示，单击A1单元格中的筛选下拉按钮，在弹出的下拉列表中，取消选中"全选"复选框，然后选中"一组"复选框，在工作表中筛选出销售一组的成员，通过图2-72可知一组成员有三人，然而执行操作后，筛选出的结果是错误的，如图2-76所示，仅筛选出了合并单元格所属区域中的首行数据。

图2-75 筛选操作

图2-76 筛选结果错误

3. 汇总出错

在Excel中有个非常方便的用于汇总统计单元格数据的方式，那就是插入"数据透视表"，在透视表中可以快捷有效地进行汇总统计，省去了在工作表中通过函数运算的过程，但合并单元格后，会导致无法插入"数据透视表"进行汇总。

首先，选中F1单元格，作为透视表的置放位置，然后在"插入"菜单功能区中单击"数据透视表"选项图标，如图2-77所示，弹出"创建数据透视表"对话框后，设置"表/区域"为A1：D11表格

区域，如图2-78所示，单击"确定"按钮后，会弹出警示提示框，警示用户"无法对合并单元格执行此操作"，如图2-79所示。

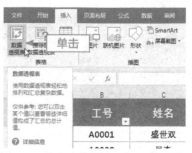

图2-77 单击"数据透视表"选项图标

图2-78 设置"表/区域"

图2-79 警示提示框

📘 **实例25** 一秒合并多行单元格：工作周期分析表

看到本例标题，想必有人会很疑惑，为什么上一例还在说合并单元格的弊端，本例就开始介绍如何合并单元格了？其实，本例要介绍的并不是合并单元格区域，而是合并多行单元格中的数据。下面通过实例

操作，讲解一秒合并多行单元格数据的具体操作。

中的数据会合并到所选区域的第一行，如图2-83所示。

第1章

第2章
工作表格的应用技巧

第3章

第10章

第11章

视频文件	【实例25】一秒合并多单元格：工作周期分析表

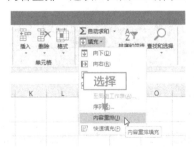

步骤01 打开一个工作周期分析表素材文件，如图2-80所示。

图2-80　打开素材文件

步骤02 选中B2：B8单元格区域，如图2-81所示。

图2-81　选中B2：B8单元格区域

步骤03 在"开始"功能区中，单击"填充"下拉按钮，在弹出的下拉列表中，选择"内容重排"选项，如图2-82所示。

图2-82　选择"内容重排"选项

步骤04 执行操作后，工作表中所选单元

图2-83　合并多行单元格数据效果

实例26　一步拥有聚光灯：项目计划表

我们在Excel中面对大量数据时，常常看得头昏眼花，要是有个聚光灯能高亮活动单元格行列就好了。其实，只需简单操作就能让Excel具备这个功能！效果如图2-84所示。

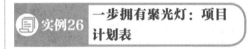

序号	项目内容	开始时间	结束时间	计划完成数	实际完成数	完成状态	备注
1	RT-553	1月10日	1月25日	4000	4000	0	按时
2	AG-253	1月13日	1月18日	100000	100000	0	按时
3	UG-550	1月14日	1月18日	50000	50010	10	超量
4	KA-138	1月15日	1月28日	120000	108900	-11100	逾期
5	AG-525	1月15日	1月30日	125000	125000	0	按时
6	NT-230	1月17日	1月23日	8000	8000	0	按时
7	RE-568	1月17日	1月29日	15000	15700	700	超量
8	NT-230	1月17日	1月30日	30000	30800	800	超量
9	RE-568	1月18日	1月29日	25000	20700	-4300	逾期
10	MJ-430	1月20日	1月30日	50000	49800	-200	逾期

图2-84　聚光灯效果

下面介绍在工作表中，通过VBA制作聚光灯高亮活动单元格行列效果的具体应用。

【实例26】一步拥有聚光灯：项目计划表

步骤01 打开一个项目计划表素材文件，如图2-85所示。

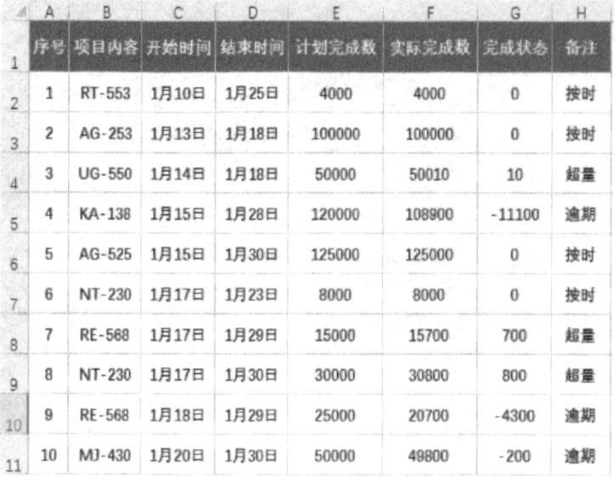

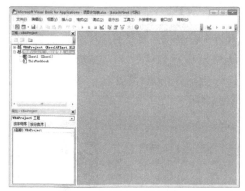

图2-85　打开素材文件

步骤02 按【Alt+F11】组合键，打开VBA编辑窗口，如图2-86所示。

图2-86　打开VBA编辑窗口

步骤03 在左侧的"工程"资源管理器窗口中，双击"ThisWorkbook"选项，展开代码窗口面板，如图2-87所示。

图2-87　双击"ThisWorkbook"选项

步骤04 输入图2-88所示的代码。

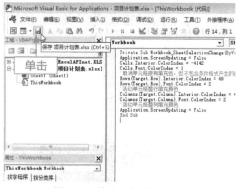

图2-88　代码

步骤05 在VBA编辑器中输入代码后单击"保存"按钮，如图2-89所示。

图2-89　单击"保存"按钮

步骤06 弹出信息提示框后，单击"否"按钮，如图2-90所示。

图2-90　单击"否"按钮

步骤07 弹出"另存为"对话框后，设置"保存类型"为"Excel启用宏的工作簿（*.xlsm）"选项，如图2-91所示。

图2-91　设置"保存类型"

步骤08单击"保存"按钮，返回工作表，即可完成聚光灯的制作，效果如图2-92所示。

序号	项目内容	开始时间	结束时间	计划完成数	实际完成数	完成状态	备注
1	RT-553	1月10日	1月25日	4000	4000	0	按时
2	AG-253	1月13日	1月18日	100000	100000	0	按时
3	UG-550	1月14日	1月18日	50000	50010	10	超量
4	KA-138	1月15日	1月28日	120000	108900	-11100	逾期
5	AG-525	1月15日	1月30日	125000	125000	0	按时
6	NT-230	1月17日	1月23日	8000	8000	0	按时
7	RE-568	1月17日	1月29日	15000	15700	700	超量
8	NT-230	1月17日	1月30日	30000	30800	800	超量
9	RE-568	1月18日	1月29日	25000	20700	-4300	逾期
10	MJ-430	1月20日	1月30日	50000	49800	-200	逾期

图2-92　最终效果

实例27　**一招将E+恢复原状：订单号和快递单号表**

图2-93所示为导出的订单号及对应的快递单号。在工作中，你是不是为这样的数据操碎了心？设置成文本格式？可是要挨个点开数据一一设置，太麻烦！

序号	订单号	快递单号
1	1.14523E+11	1.10102E+14
2	1.14523E+11	1.10102E+14
3	1.14523E+11	1.10102E+14
4	1.14523E+11	1.10102E+14
5	1.14523E+11	1.10102E+14
6	1.14523E+11	1.10102E+14
7	1.14523E+11	1.10102E+14
8	1.14523E+11	1.10102E+14
9	1.14523E+11	1.10102E+14

图2-93　订单号和快递单号文件格式表

下面讲解快速将工作表中的E+恢复原状的具体应用。

【实例27】一招将E+恢复原状：订单号和快递单号表

视频文件

步骤01打开一个单号查询表素材文件，选中B2：C10单元格，如图2-94所示。

序号	订单号	快递单号
1	1.14523E+11	1.10102E+14
2	1.14523E+11	1.10102E+14
3	1.14523E+11	1.10102E+14
4	1.14523E+11	1.10102E+14
5	1.14523E+11	1.10102E+14
6	1.14523E+11	1.10102E+14
7	1.14523E+11	1.10102E+14
8	1.14523E+11	1.10102E+14
10	1.14523E+11	1.10102E+14

图2-94　选中B2:C10单元格

步骤02单击鼠标右键，在弹出的快捷菜单中，选择"设置单元格格式"选项，如图2-95所示。

序号	订单号	快递单号
1	1.1452	+14
2	1.1452	+14
3	1.1452	+14
4	1.1452	+14
5	1.1452	+14
6	1.1452	+14
7	1.1452	+14
8	1.1452	+14
9	1.1452	+14

剪切(T)
复制(C)
粘贴选项：
选择性粘贴(S)...
智能查找(L)
插入(I)...
删除(D)...
清除内容(N)
选择
排序(O)
插入批注(M)
设置单元格格式(F)...
从下拉列表中选择(K)...

图2-95　选择"设置单元格格式"选项

步骤03弹出"设置单元格格式"文本对话框后，切换至"数字"选项卡，设置"分类"为"自定义"选项，在展开的子选项面板中的"类型"文本框中输入"0"，如图2-96所示。

图2-96　输入"0"

步骤04 单击"确定"按钮，返回工作表查看单号显示结果，如图2-97所示。

	A	B	C
1	序号	订单号	快递单号
2	1	114523335010	110102010021010
3	2	114523335011	110102010021011
4	3	114523335012	110102010021012
5	4	114523335013	110102010021013
6	5	114523335014	110102010021014
7	6	114523335015	110102010021015
8	7	114523335016	110102010021016
9	8	114523335017	110102010021017
10	9	114523335018	110102010021018

图2-97　查看单号显示结果

📋实例28　设置保护Excel工作簿：季度销售额表

我们在工作对接时，经常会多人通用一个工作表，比如，图2-98所示为某公司销售部门汇总的季度销售额工作表，其中，1组、2组所对应的销售数据已经填写完毕，在表格上方有一句标红的提示语，表明该表中每月的销售额是由3个销售组的各组长统计填写的。

图2-98　季度销售额工作表

由图2-98可知，表格格式、运算公式等都已经设置好，为了防止表格在对接过程中有所损坏，用户可以通过以下三种方式设置保护Excel工作簿。

1. 设置工作簿打开密码

为了防止在对接工作表时，不小心将工作表中的相关信息泄露给无关人等，用户可以为工作簿设置一个打开密码，这样就只能是知道密码的相关人员才能将对接的工作表打开查看。

【实例28】设置工作簿打开密码

步骤01 打开一个季度销售额工作表素材文件，单击"文件"菜单，如图2-99所示。

图2-99　单击"文件"菜单

步骤02 展开"文件"菜单面板，在其中单击"保护工作簿"下方的三角按钮，在弹出的下拉列表中选择"用密码进行加密"选项，如图2-100所示。

步骤03 弹出"加密文档"对话框后，在"密码"下方的文本框中输入密码，这里输入"123"，如图2-101所示。

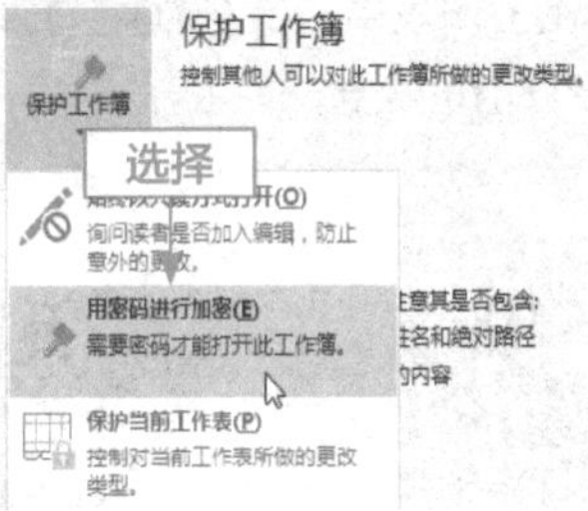

图2-100 选择"用密码进行加密"选项

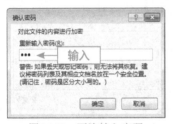

图2-101 输入密码

步骤04 单击"确定"按钮，弹出"确认密码"对话框后，在"重新输入密码"文本框中再次输入密码"123"，如图2-102所示。

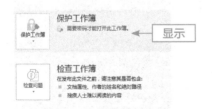

图2-102 再次输入密码

步骤05 单击"确定"按钮，"保护工作簿"选项下方会出现黄色底纹，表示已设置成功，如图2-103所示。

图2-103 设置成功显示

步骤06 保存并关闭文件，再次打开工作表，会弹出"密码"对话框，在"密码"文本框中输入密码"123"，如图2-104所示，单击"确定"按钮，即可打开工作表。

图2-104 输入密码

2. 工作簿结构保护

设置保护密码可以防止表格内容被泄露。下面介绍设置工作簿结构保护的具体应用，防止在对接过程中被误删、隐藏或改变表格结构等，因而带来不必要的麻烦。

【实例28】工作簿结构保护

视频文件

步骤01 打开设有密码保护的文件后，单击"审阅"菜单，在其功能区中，单击"保护工作簿"图标选项，如图2-105所示。

图2-105 单击"保护工作簿"图标选项

步骤02 弹出"保护结构和窗口"对话框后，在"密码（可选）"文本框中输入密码，这里输入密码"12345"，如图2-106所示。

步骤03 单击"确定"按钮，弹出"确认密码"对话框后，在"重新输入密码"文本框中再次输入密码"12345"，如图2-107所示。

图2-106　输入密码

图2-107　再次输入密码

步骤04单击"确定"按钮，在工作簿底部的Sheet1名称上单击鼠标右键，可以发现在弹出的快捷菜单中，一些操作命令选项已经变灰，无法进行操作，如图2-108所示。

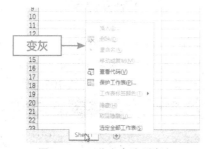

图2-108　一些命令选项变灰

3. 工作表区域保护

在对接过程中，为防止已输入的函数公式、表格数据等因一些突发状况被误删，用户可以设置工作表区域保护，仅指定区域可以填写，其他单元格区域不可操作，下面介绍具体应用操作。

步骤01在工作表中，选中D3：D5单元格区域，如图2-109所示。

图2-109　选中D3：D5单元格区域

步骤02按【Ctrl+1】组合键，打开"设置单元格格式"对话框，切换至"保护"选项卡，如图2-110所示。

图2-110　切换至"保护"选项卡

步骤03取消选中"锁定"复选框，单击"确定"按钮，如图2-111所示。

图2-111　单击"确定"按钮

步骤04执行上述操作后，在"审阅"功能区中，单击"保护工作表"图标选项，如图2-112所示。

图2-112　单击"保护工作表"图标选项

步骤05 弹出"保护工作表"对话框后，在文本框中输入打开工作表用的密码"123"，如图2-113所示。

图2-113　输入密码

步骤06 单击"确定"按钮，弹出"确认密码"对话框后，在"重新输入密码"文本框中再次输入密码"123"，如图2-114所示。

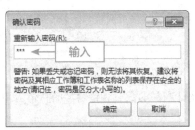

图2-114　再次输入密码

步骤07 单击"确定"按钮，在工作表中，用户可以进行验证操作，除了D3：D5单元格区域，其他单元格都已无法进行操作，并且会弹出信息提示框，如图2-115所示，提示用户表格受保护。

图2-115　弹出信息提示框

步骤08 单击"确定"按钮，在D3：D5单元格中输入数据，是可以进行正常输入操作的，效果如图2-116所示。

图2-116　输入数据效果

在Excel中，很多人都不知道该怎么应用数据透视表，甚至很多初学者不知道数据透视表，实在太遗憾了。因为数据透视表在Excel中的应用功能十分强大，很多时候比函数公式和VBA还要方便，它可以帮助用户快速求和、分类、汇总、统计、排序、筛选以及合并等，省去了用户通过函数公式等方法去运算操作等步骤，还不用担心结果出错。本章将讲解数据透视表的基础应用，希望你学会以后能举一反三、拓展思维，探索数据透视表中除本书所讲内容之外的其他功能应用。

行标签 ▼	求和项:数量	求和项:销售额
红茶	988	6916
绿茶	417	2919
柠檬茶	1146	5730
柚子茶	961	6727
(空白)		
总计	3512	22292

品名 ▼	求和项:销售数量	求和项:金额
白板笔	4260	82298.4
办公椅	4481	561325
稿纸	39	77.61
起钉器	4511	83500.89
签字笔	5793	29700.75
文件夹	38	227.62
(空白)		
总计	19122	757130.27

行标签 ▼	求和项:销售数量	求和项:金额
⊟杭州	6692	232858.62
华英	1158	23621
黎燕珊	1516	58853.85
林安安	2819	59468.34
刘雯	111	4274.2
尤建斌	6	11.94
张倩	109	1127.73
周黎	973	85501.56
⊟宁波	6954	287121.02
华英	935	43668.9
黎燕珊	1573	112182.08
林安安	1967	101846.83
刘雯	116	462.84
柳燕	69	1275.31
尤建斌	34	121.66
周黎	2260	27563.4
⊟天津	5476	237150.63
华英	1260	99219.45
黎燕珊	897	13341.03
林安安	2442	87475.35
张倩	94	3325.14
周黎	783	33789.66
⊟(空白)		
(空白)		
总计	19122	757130.27

3.1　创建数据透视表：产品销售额报表

在Excel工作表中，数据透视表绝对是最简单、最实用、最容易上手的功能了，免去了输入函数公式、手动计算等麻烦。因此，要想提高办公效率，一定要学会应用数据透视表。下面介绍创建数据透视表的操作，以及在数据透视表中对切片器的基础应用。

国 实例29　统计产品的数量和销售额

在Excel中，当产品销售额报表中的数据较多时，我们可以通过数据透视表，快速统计产品的数量和销售额，如图3-1所示。

行标签 ▼	求和项:数量	求和项:销售额
红茶	988	6916
绿茶	417	2919
柠檬茶	1146	5730
柚子茶	961	6727
(空白)		
总计	3512	22292

图3-1　产品的数量和销售额统计效果

下面介绍在Excel中创建数据透视表，并统计产品的数量和销售额的具体应用。

【实例29】统计产品的数量和销售额

步骤01 打开一个产品销售额报表素材文件，如图3-2所示。

图3-2　打开素材文件

步骤02 选中A：F列，单击"插入"菜单，在功能区中单击"数据透视表"选项图标，如图3-3所示。

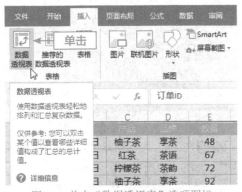

图3-3　单击"数据透视表"选项图标

步骤03 弹出"创建数据透视表"对话框后，单击"确定"按钮，如图3-4所示。

步骤04 执行操作后，即可创建一个数据透视表，如图3-5所示。

步骤05 在右侧的字段列表中，选中"产品""数量"以及"销售额"复选框，如图3-6所示，选中后的字段会自动添加至下

方相应的字段选项区中。

图3-4　单击"确定"按钮

图3-5　创建一个数据透视表

图3-6　选中相应复选框

在透视表区域内，则会立即生成统计报表，如图3-7所示。

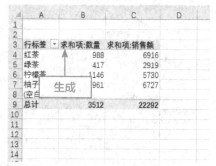

图3-7 生成统计报表

实例30 查看某时间段的销售额

在上一例，通过数据透视表，我们已经统计出了产品的总数量和总销售额，那么，如果现在需要查看某一个时间段内的销售额数据，要怎么查看呢？难道需要重新返回源数据表，再次插入一个数据透视表来统计吗？当然不用，我们可以在透视表中通过"切片器"功能来查看某个时间段内的销售额，下面介绍具体应用。

步骤01在透视表中单击"插入"菜单，在功能区中单击"切片器"选项图标，如图3-8所示。

图3-8 单击"切片器"选项图标

步骤02弹出"插入切片器"对话框后，选中"日期"复选框，如图3-9所示。

图3-9 选中"日期"复选框

步骤03单击"确定"按钮，即可生成一个"日期"切片器，如图3-10所示。

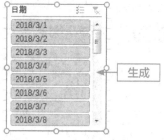

图3-10 生成"日期"切片器

步骤04在"选项"功能区中，设置"列数"为3列，如图3-11所示。

图3-11 设置"列数"为3列

步骤05 通过拖曳切片器四周的控制柄，调整切片器的大小和位置，如图3-12所示。

图3-12　调整切片器的大小和位置

步骤06 在"日期"切片器中，单击"2018/3/1"按钮，然后按住【Shift】键，单击"2018/3/10"按钮，即可查看这10天内的产品销售额，如图3-13所示。

图3-13　查看10天内的产品销售额

实例31 查看不同品牌商的销售额

要在透视表中查看不同品牌商的销售额，同样可以通过切片器来实现，下面介绍具体应用。

【实例31】查看不同品牌商的销售额

视频文件

步骤01 用与上一例中相同的方法，在功能区单击"切片器"按钮，弹出"插入切片

器"对话框后，选中"品牌"复选框，如图3-14所示。

图3-14　选中"品牌"复选框

步骤02 单击"确定"按钮，即可生成"品牌"切片器，如图3-15所示。

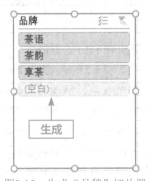

图3-15　生成"品牌"切片器

步骤03 拖曳切片器四周的控制柄，调整切片器的大小和位置，如图3-16所示。

图3-16　调整切片器的大小和位置

步骤04 在切片器中单击"享茶"按钮，即可查看2018/3/1～2018/3/10时间段内享茶品牌商的销售额，如图3-17所示。

图3-17 单击"享茶"按钮

3.2 数据透视表分类汇总：各地区业务员业绩表

本节将介绍利用数据透视表进行分类汇总的应用。图3-18所示为各地区业务员业绩表，每个业务员都没有固定的销售地区、产品以及时间等。下面介绍通过数据透视表，查看每个人的物品销售数量和金额、每个地区的销售数量和金额、每个地区每个人的销售数量和金额以及每种产品的销售数量和金额等。

图3-18 各地区业务员业绩表

实例32 查看每个人的各种产品销售数量和销售金额

如图3-18所示，在工作表中，每个业务员在各个地区所销售的产品数量和金额

的序列很乱，要查看这些数据，用户需要先排序整理，再编写一个运算销售数量的函数公式和一个运算销售额的函数公式，这样十分麻烦。其实，用户可以直接通过数据透视表来分类汇总，效果如图3-19所示。

行标签 ▼	求和项:销售数量	求和项:金额
⊟华英	3353	166509.35
白板笔	650	12993.5
办公椅	1082	135250
起钉器	566	10643.34
签字笔	1055	7622.51
⊟擘燕珊	3986	184376.96
白板笔	887	16456.13
办公椅	1182	147750
起钉器	794	14567.06
签字笔	1123	5603.77
⊟林安安	7228	248790.52
白板笔	2118	42338.82
办公椅	1300	162500
起钉器	1953	35421.47
签字笔	1819	8302.61
文件夹	38	227.62
⊟刘雯	227	4737.04
办公椅	31	3875
稿纸	39	77.61
起钉器	62	310.38
签字笔	95	474.05
⊟柳燕	69	1275.31
白板笔	43	859.57
签字笔	26	415.74
⊟尤灌斌	40	133.6
起钉器	10	49.9
签字笔	30	83.7
⊟张倩	203	4452.87
白板笔	33	65.67
办公椅	8	2200
起钉器	53	1059.47
签字笔	109	1127.73
⊟周豪	4016	146854.62
白板笔	529	9584.71
办公椅	878	109750
起钉器	1073	21449.27
签字笔	1536	6070.64
⊟(空白)		
(空白)		
总计	19122	757130.27

图3-19 各业务员对应各种产品的销售数量和销售金额

下面介绍在数据透视表中，汇总每个业务员的产品销售数量和销售金额的具体应用。

【实例32】查看每个人的各种产品销售数量和销售金额

步骤**01**打开一个各地区业务员业绩表素材文件，切换至Sheet1数据透视表，如图3-20所示。

图3-20　切换至Sheet1数据透视表

步骤**02**根据需求，在字段列表中依次选中"业务员"和"品名"复选框，添加至下方"行"字段选项区域内，如图3-21所示。

图3-21　选中相应复选框

步骤**03**依次将"销售数量"和"金额"字段拖曳至"值"字段选项区域内，如图3-22所示。

步骤**04**执行上述操作后，即可生成每个人的各种物品销售数量和销售金额的汇总报表，如图3-23所示。

图3-22　拖曳相应字段

图3-23　生成汇总报表

小贴士

　　在操作过程中，如果直接选中字段复选框，很有可能会被默认至"行"或"列"字段选项区域内，那样的话就需要从这两个字段列表中把字段选项拖曳至"值"字段区域内，最好的办法是直接拖曳字段至相应的字段选项区域内，可以省去重复拖曳字段的步骤。

实例33 查看每个地区的销售数量和销售金额

在上一例的基础上，通过一些简单的操作，可以查看每个地区的销售数量和销售金额，效果如图3-24所示。

行标签 ▼	求和项:销售数量	求和项:金额
杭州	6692	232858.62
宁波	6954	287121.02
天津	5476	237150.63
(空白)		
总计	19122	757130.27

图3-24　查看每个地区的销售数量和销售金额

下面介绍查看每个地区的销售数量和销售金额的具体应用。

【实例33】查看每个地区的销售数量和销售金额

步骤01 在字段列表中取消选中"业务员"和"品名"复选框，如图3-25所示，"行"字段选项区中的字段会相应撤销。

图3-25　取消选中相应复选框

步骤02 在工作表中可以查看撤销后的效果，如图3-26所示。

图3-26　查看撤销效果

小贴士

用户也可以在下方的字段选项区域内，将字段拖曳至字段列表外的空白位置处，释放鼠标即可撤销字段。

步骤03 根据需求，在字段列表中选中"地区"复选框，如图3-27所示，添加至下方"行"字段选项区域内。

图3-27　选中相应复选框

步骤04 执行操作后，即可在工作表中查看汇总的每个地区的销售数量和销售金额，如图3-28所示。

图3-28　查看汇总效果

实例34 查看每个地区每个人的销售金额和销售数量

继续在上一例的基础上，通过调整字段，查看每个地区每个人的销售金额和销售数量，效果如图3-29所示。

图3-29 查看每个地区每个人的销售金额和销售数量

下面介绍查看每个地区每个人的销售金额和销售数量的具体应用。

【实例34】查看每个地区每个人的销售金额和销售数量

视频文件

步骤01 在字段列表中，选中"业务员"复选框，如图3-30所示，添加字段至"行"字段选项区域内。

数据透视表字段

选择要添加到报表的字段：

搜索

☐ 日期
☑ 地区
☑ 业务员 ← 选中
☐ 姓名
☑ 销售数量
☐ 单价
☑ 金额

更多表格...

图3-30 选中相应复选框

步骤02 在工作表中，可以查看汇总后的效果，如图3-31所示。

图3-31 查看汇总效果

小贴士

这里拓展一个透视表布局显示样式应用方法：

用户可以单击"设计"菜单，在功能区中单击"报表布局"下拉按钮，在弹出的下拉列表中显示了多种表格显示方式，如图3-32所示，用户可以根据需求选择显示方式，例如，选择"以表格形式显示"选项，效果如图3-33所示。

图3-32 "报表布局"下拉列表

地区	业务员	求和项:销售数量	求和项:金额
⊟杭州	华英	1158	23621
	黎燕珊	1516	58853.85
	林安安	2819	59468.34
	刘雯	111	4274.2
	尤建斌	6	11.94
	张倩	109	1127.73
	周豪	973	85501.56
杭州 汇总		6692	232858.62
⊟宁波	华英	935	43668.9
	黎燕珊	1573	112182.08
	林安安	1967	101846.83
	刘雯	116	462.84
	柳燕	69	1275.31
	尤建斌	34	121.66
	周豪	2260	27563.4
宁波 汇总		6954	287121.02
⊟天津	黎燕珊	1260	99219.45
	林安安	897	13341.03
	张倩	2442	87475.35
	周豪	94	3325.14
		783	33789.66
天津 汇总		5476	237150.63
⊟(空白)	(空白)		
(空白) 汇总			
总计		19122	757130.27

图3-33 以表格形式显示效果

实例35 查看每种产品的销售数量和销售金额

学完上面的例子，有没有觉得数据透视表很简单呢？下面继续在上一例的基础上，通过调整字段等操作，在透视表中查看每种产品的销售数量和销售金额，效果如图3-34所示。

图3-34 查看每种产品的销售金额和销售数量

下面介绍查看每种产品的销售数量和销售金额的应用。

【实例35】查看每种产品的销售数量和销售金额

步骤01 在字段列表中，取消选中"业务员"复选框，如图3-35所示。

图3-35 取消选中"业务员"复选框

步骤02 取消选中"地区"复选框，并选中"品名"复选框，如图3-36所示。

图3-36 选中"品名"复选框

步骤03 执行操作后，即可查看汇总的每种产品的销售数量和销售金额，如图3-37所示。

图3-37 查看汇总效果

步骤04 在工作表中，选中A3单元格，在编辑栏中，更改表头名称为"品名"，按回车键确认，即可更改表头名称，如图3-38所示。

图3-38 更改表头名称

小贴士

在操作过程中，需要注意以下两点：

（1）更改表头名称时，不能直接在单元格内更改名称，需要选中单元格后再在编辑栏中进行更改。

（2）单击A3单元格中的下拉按钮，可以通过弹出的下拉列表进行排序、筛选等应用。

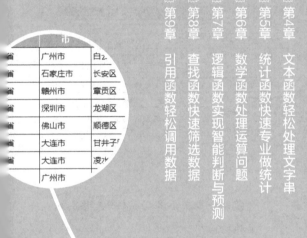

第 4 章 文本函数轻松处理文字串

在Excel工作表中，你是否也遇到过将多个单元格中的文本数据提取、串联、分离这样的苦恼？本章将介绍文本连接符&的应用以及一些常见的文本函数的应用，包括运用MID函数提取数据截取字符、运用FIND函数定位字符串以及运用MID+FIND组合函数分离文本数据等，帮助用户在处理文本数据时，可以不用一个一个地去复制、粘贴、拆解那么麻烦。

合并两列单元格中的文本数据

省	市	合并
广东	广州	广东广州
广东	东莞	广东东莞
广东	惠州	广东惠州
湖南	长沙	湖南长沙
湖南	衡阳	湖南衡阳
湖北	武汉	湖北武汉
湖北	宜昌	湖北宜昌
浙江	杭州	浙江杭州
浙江	宁波	浙江宁波

地址	省	市	区
广东省广州市白云区	3	6	9
河北省石家庄市长安区	3	7	10
江西省赣州市章贡区	3	6	9
广东省深圳市龙湖区	3	6	9
广东省佛山市顺德区	3	6	9
辽宁省大连市甘井子区	3	6	10
辽宁省大连市凌水区	3	6	9
广东省广州市越秀区	3	6	9

地址	省	市	区
广东省广州市白云区	广东省	广州市	白云区
河北省石家庄市长安区	河北省	石家庄市	长安区
江西省赣州市章贡区	江西省	赣州市	章贡区
广东省深圳市龙湖区	广东省	深圳市	龙湖区
广东省佛山市顺德区	广东省	佛山市	顺德区
辽宁省大连市甘井子区	辽宁省	大连市	甘井子区
辽宁省大连市凌水区	辽宁省	大连市	凌水区
广东省广州市越秀区	广东省	广州市	越秀区

4.1 文本连接符&的应用

在Excel中，有时候需要将多个单元格中的文本内容连接到一起，此时，我们可以应用文本连接符&，将A、B两个单元格甚至多个单元格中的文本内容进行连接。文本连接符&的基本功能、语法和使用说明如下。

功能

连接两个字符串。

语法

A1&B1&C1……

将两个或三个甚至多个单元格文本内容连接合并。

说明

按【Shift+7】组合键，即可输入文本连接符&。

连接A1、B1和C1单元格中的文本内容，如A1单元格中的内容为A、B1单元格中的内容为B、C1单元格中的内容为C，应用连接符所得结果为ABC。

下面通过精选的三个实例，介绍文本连接符的具体应用。

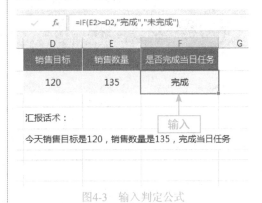 实例36 制作销售报表汇报话术

我们经常需要向领导发送汇报当天销售状况的邮件，通常汇报内容不会很长，但一定会包括销售目标数量和实际销售数量，以及当天销售完成状况。我们可以制作一个销售报表，通过连接符将固定要汇报的文本内容与当天的销售数据合并连接，如图4-1所示，在发送邮件时，直接复制粘贴连接的文本内容即可。

销售目标	销售数量	是否完成当日任务
140	135	未完成

汇报话术：

今天销售目标是140，销售数量是135，未完成当日任务

图4-1 制作销售报表汇报话术效果

下面介绍通过文本连接符，制作销售报表汇报话术的具体应用。

【实例36】制作销售报表汇报话术

视频文件

步骤01 打开一个销售报表素材文件，如图4-2所示。

完成

销售目标	销售数量	是否完成当日任务
120	135	完成

汇报话术：

今天销售目标是120，销售数量是135，完成当日任务

图4-2 打开素材文件

步骤02 选择F2单元格，在编辑栏输入公式

"=IF(E2>=D2"，"完成"，"未完成")"，按回车键结束确认，判定当日销售目标是否完成，如图4-3所示。

=IF(E2>=D2,"完成","未完成")

销售目标	销售数量	是否完成当日任务
120	135	完成

输入

汇报话术：

今天销售目标是120，销售数量是135，完成当日任务

图4-3 输入判定公式

 小贴士

为了方便后面的连接公式的应用，这里用了IF函数来进行自动判定当日销售目标任务的完成状况，如果E2单元格中的数值大于或等于D2单元格中的数值，则返回判定值为"完成"，否则返回判定值为"未完成"。

步骤03 执行上述操作后，选中D5单元格，如图4-4所示，在编辑栏中可以看到，这句汇报内容没有任何公式，完全是逐字手动输入的。

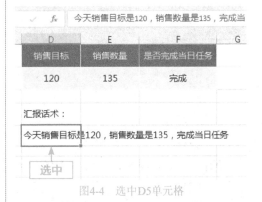 今天销售目标是120，销售数量是135，完成当

销售目标	销售数量	是否完成当日任务
120	135	完成

汇报话术：

今天销售目标是120，销售数量是135，完成当日任务

选中

图4-4 选中D5单元格

步骤04 在编辑栏中的最前面，输入"="，然后在文本最后输入""，并删

除"120"，更改内容为""&D2&""，如图4-5所示。

图4-5　删除"120"并更改内容

小贴士

这里需要用户注意的是，在单元格或编辑栏中输入公式时，公式中的逗号、分号、大于号、小于号、等于号、双引号等符号都要切换为英文大写后再输入，否则公式会判定错误，无法返回正确值。

步骤05 用与上同样的方法，在编辑栏中更改"135"为""&E2&""，更改"完成"为"&F2&"，如图4-6所示。

图4-6　更改文本内容

步骤06 执行上述操作后，按回车键结束确认，在D2单元格中，更改目标数量为140，如图4-7所示，可以查看制作的销售表汇报话术效果。

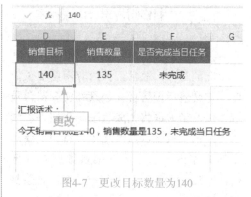

图4-7　更改目标数量为140

实例37　计算人事部员工的总工资

在Excel工作表中，可以借助文本连接符来进行多条件运算，比如图4-8所示为某企业各分公司部门部分员工工资调查表，在工作表中左边为各分公司提供的数据，中间为提取符合条件的员工工资辅助列，右边为条件返回值。

姓名	部门	分公司地区	工资	辅助列	求广州人事部员工的总工资
张媛	人事部	广州	7490	7490	11856
李越	市场部	武汉	4768	0	
周露	销售部	长沙	6773	0	
赵威	财务部	广州	6311	0	
吴红	人事部	广州	4366	4366	
张跃	财务部	长沙	6969	0	
马蓬	市场部	武汉	3564	0	
贾悦	市场部	长沙	5019	0	
柳岸	销售部	武汉	5365	0	

图4-8　工资调查表

如图4-8所示，所求返回值中包含了分公司地区和部门两个条件，现在需要计算广州人事部员工的总工资，下面介绍通过文本连接符以及SUM函数进行多条件运算，计算人事部员工总工资的具体应用。

【实例37】计算人事部员工的总工资

第1章

第2章

第3章

第4章
文本函数轻松处理文字串

第10章

第11章

步骤01 打开一个员工工资调查表素材文件，如图4-9所示。

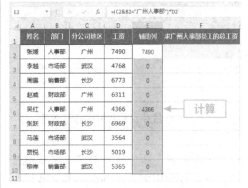

图4-9　打开素材文件

步骤02 选中E2：E10单元格，在编辑栏输入公式"=C2&B2"，按【Ctrl+Enter】组合键结束确认，连接两列单元格中的文本内容，如图4-10所示。

图4-10　连接文本内容

步骤03 在编辑栏中的公式后面继续输入"="广州人事部""，按【Ctrl+Enter】组合键结束确认，判定满足条件的逻辑值，如图4-11所示，满足条件显示为TRUE，不满足条件则显示为FALSE。

步骤04 在编辑栏完善公式"=(C2&B2="广州人事部")*D2"，按【Ctrl+Enter】组合键结束确认，计算符合条件人员的工资，如图4-12所示。

步骤05 执行上述操作后，可以通过两种方式来进行最后的求和：选中F2单元格，在其中输入公式"=SUM（E2：E10）"，

按回车键即可结束公式，计算总工资，如图4-13所示。

图4-11　判定满足条件的逻辑值

图4-12　计算符合条件人员的工资

图4-13　计算总工资（1）

步骤06 除了上述方法，也可选中F3单元格，根据辅助列中的公式，在编辑栏输入"=SUM((C2:C10&B2:B10="广州人事部")*D2:D10)"，按【Ctrl+Shift+Enter】组合键结束确认，计算总工资，如图4-14所示。

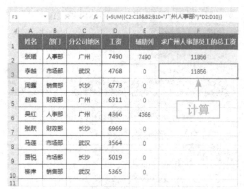

图4-14 计算总工资（2）

小贴士

在计算过程中，当公式为数组运算公式时，需要通过【Ctrl+Shift+Enter】组合键来结束确认，否则返回值会是个错误值。

实例38 合并省份和市区的两列数据

前面讲解了两个比较复杂的文本连接符的计算使用案例，本例将讲解文本连接符最简单、最基础的应用，即合并省份和市区的两列数据，如图4-15所示，帮助用户巩固对连接符的应用。

图4-15 合并省份和市区两列数据效果

下面介绍通过文本连接符合并两列数

据的基本应用。

【实例38】合并省份和市区的两列数据

步骤01 打开一个合并数据表素材文件，如图4-16所示。

图4-16 打开素材文件

步骤02 选中C4：C12单元格，在编辑栏输入公式"=A4&B4"，按【Ctrl+Enter】组合键结束确认，即可将两列单元格中的数据连接合并，如图4-17所示。

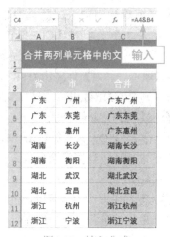

图4-17 输入公式

4.2　常见文本函数的应用

在我们的日常生活和工作中，有很多比较常见的文本函数，例如MID和FIND两个文本函数的使用率就比较高，熟练运用这些函数可以大大提高我们的工作效率！

 实例39　**MID函数：快速提取身份证中的出生日期**

MID函数是Excel中的一个字符串函数，我们经常需要提取工作表中的一些数据，此时，我们可以应用MID编写函数公式，对单元格中需要提取出来的文本、数字等内容进行截取。MID函数的基本功能、语法和参数定义如下。

功能

返回文本字符串中从指定位置开始的指定数目的字符。

语法

MID(text,start_num,num_chars)

定义

text：必需。包含要提取字符的文本字符串。

start_num：必需。文本中要提取的第一个字符的位置。文本中第一个字符的start_num为1，以此类推。

num_chars：必需。从Start参数指定的位置开始，要向右截取的字符长度。如果省略，将指定为从Start参数位置开始向右到字符串结尾的所有字符数。

下面将以提取身份证中的出生日期为例，介绍MID函数的具体应用，效果如图4-18所示。

身份证号	出生日期
560724199102162452	1991/02/16
310251199203262551	1992/03/26
210102198502263562	1985/02/26

图4-18　提取身份证中的出生日期

在学习应用MID函数公式前，我们先来了解一下身份证号码的组成。我们都知道身份证号码由18位数字组成，但很少有人知道各位数字的含义。

身份证号码的前6位数字为地址码，代表出生籍贯地；中间的8位数字为出生日期码，代表出生年月日；随后的3位数字为顺序码，代表所在地区出生的顺序，其中顺序码中的最后1位数字如果是奇数，则代表为男性，如果是偶数，则代表为女性；最后1位数字为校验码，验证前17位数字。

了解以上信息后，下面介绍通过MID函数提取身份证中间的8位数字，即出生日期码的具体应用。

【实例39】MID函数：快速提取身份证中的出生日期

步骤01 打开一个提取出生日期素材文件，如图4-19所示。

步骤02 选中B2单元格，在编辑栏输入公式"=MID(A2,7,8)"，按回车键结束确认，即可将身份证号码中的出生日期码提取出来，并以文本显示，如图4-20所示。

图4-19　打开素材文件

图4-20　输入公式，提取出生日期码

步骤03 提取出生日期码后，用TEXT函数对提取的出生日期格式化，完整公式为"=--TEXT (MID(A2,7,8),"0-00-00")"，如图4-21所示。

图4-21　应用TEXT函数

步骤04 执行上述操作后，双击B2单元格右下角，即可填充单元格中的公式，提取A列中的出生日期，如图4-22所示。

图4-22　填充单元格并提取出生日期

DATEDIF函数：通过日期差值，计算身份证号对应的年龄

实例40

在Excel中，DATEDIF函数主要用来计算两个日期之间的差值，我们可以用DATEDIF函数辅助MID函数。DATEDIF函数的基本功能、语法和参数定义如下。

功能

返回两个日期之间的差值。

语法

DATEDIF(start_date,end_date,unit)

定义

Start_date：必需。表示时间段内的第一个日期即起始日期。

End_date：必需。表示时间段内的最后一个日期即结束日期。

Unit：必需。表示所需信息的返回类型。

上一例介绍了身份证号码的组成，并通过MID函数提取出了身份证号码中的出生日期。下面在上一例的基础上，应用DATEDIF函数计算身份证号对应的年龄，效果如图4-23所示。

身份证号	出生日期	年龄
560724199102162452	1991/02/16	27
310251199203262551	1992/03/26	26
210102198502263562	1985/02/26	33

图4-23　计算身份证号对应的年龄

下面介绍应用DATEDIF函数计算身份证号对应的年龄的具体应用。

【实例40】DATEDIF函数：通过日期差值，计算身份证号对应的年龄

视频文件

步骤**01**在工作表的C列添加一列"年龄"表格，并调整工作表中的行高、列宽、字体大小、边框以及填充颜色等，效果如图4-24所示。

身份证号	添加期	年龄
560724199102162452	1991/02/16	
310251199203262551	1992/03/26	
210102198502263562	1985/02/26	

图4-24　添加一列"年龄"表格效果

步骤**02**选中C2单元格，在编辑栏输入公式"=DATEDIF(B2,TODAY(),"Y")"，按回车键结束，即可计算出年龄，如图4-25所示。

C2　　=DATEDIF(B2,TODAY(),"Y")

身份证号	出生日期	年龄
560724199102162452	1991/02/16	27
310251199203262551	1992/03/26	
210102198502263562	1985/02/26	计算

图4-25　计算年龄

步骤**03**执行上述操作后，双击C2单元格右下角，即可填充单元格中的公式，计算身份证号对应的年龄，效果如图4-26所示。

C2　　=DATEDIF(B2,TODAY(),"Y")

身份证号	出生日期	年龄
560724199102162452	1991/02/16	27
310251199203262551	1992/03/26	26
210102198502263562	1985/02/26	33

图4-26　填充单元格并计算身份证号对应的年龄

实例41　**FIND函数：字符串定位，找出省、市、区的位置**

在Excel中，通过FIND函数可以在制定文本字符串中，对要查找的文本字符进行定位，确定其所在位置。FIND函数的基本功能、语法和参数定义如下。

功能

在指定字符串中查找另一个字符串在指定字符串的开始位置。

语法

FIND(find_text,within_text,[start_num])

定义

Find_text：必需。要查找的文本。

Within_text：必需。包含要查找文本的文本。

Start_num：可选。指定要从其开始搜索的字符。如果省略start_num，则假设其值为1。

通过FIND函数，在包含有地址信息的单元格中，可以查找定位省、市、区在单元格中的地址信息中的字符位置，效果如图4-27所示。

地址	省	市	区
广东省广州市白云区	3	6	9
河北省石家庄市长安区	3	7	10
江西省赣州市章贡区	3	6	9
广东省深圳市龙湖区	3	6	9
广东省佛山市顺德区	3	6	9
辽宁省大连市甘井子区	3	6	10
辽宁省大连市凌水区	3	6	9
广东省广州市越秀区	3	6	9

图4-27 定位省、市、区在地址信息中的字符位置

下面介绍应用FIND函数定位省、市、区在地址信息中的字符位置的具体应用。

【实例41】FIND函数：字符串定位，找出省、市、区的位置

视频文件

步骤01 打开一个省市区字符定位表素材文件，选中B5单元格，如图4-28所示。

	A	B	C	D
1	找出 省、市、区的位置			
2				
3				
4	地址	省	市	区
5	广东省广州市白云区	⌖		
6	河北省石家庄市长安区			
7	江西省赣州市章贡区	↑选中		
8	广东省深圳市龙湖区			
9	广东省佛山市顺德区			
10	辽宁省大连市甘井子区			
11	辽宁省大连市凌水区			
12	广东省广州市越秀区			

图4-28 选中B5单元格

步骤02 在编辑栏输入公式"=FIND(B4)"，然后选中B4并按两下F4键，切换引用，固定行号，如图4-29所示。

步骤03 继续完善公式"=FIND(B$4,A5)"，然后选中A5并按三下F4键，切换引用，固定列号，如图4-30所示。

步骤04 执行操作后，按回车键结束确认，即可定位"省"在A5单元格中的字符位置

为第3个字符，如图4-31所示。

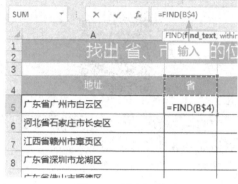

图4-29 固定行号

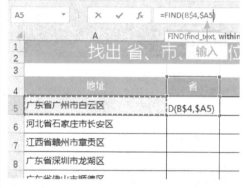

图4-30 固定列号

B5		×	✓	fx	=FIND(B$4,$A5)
	A		B		
1	找出 省、市、区的位				
2					
3					
4	地址		省		
5	广东省广州市白云区		3		
6	河北省石家庄市长安区				
7	江西省赣州市章贡区		定位		
8	广东省深圳市龙湖区				

图4-31 定位"省"字符位置

步骤05 选中B5单元格，单击单元格右下角，并向右拖曳至D5单元格，填充公式，定位"市""区"在A5单元格中的字符位置，如图4-32所示。

B5 | | fx =FIND(B$4,$A5)

找出省、市、区的位置

地址	省	市	区
广东省广州市白云区	3	6	9
河北省石家庄市长安区			
江西省赣州市章贡区			
广东省深圳市龙湖区			
广东省佛山市顺德区			
辽宁省大连市甘井子区			
辽宁省大连市凌水区			
广东省广州市越秀区			

定位

图4-32 定位"市""区"字符位置

步骤06 选中B5：D5单元格，双击D5单元格右下角，即可进行批量填充，定位多个字符串中的字符位置，如图4-33所示。

B5 | | fx =FIND(B$4,$A5)

找出省、市、区的位置

地址	省	市	区
广东省广州市白云区	3	6	9
河北省石家庄市长安区	3	7	10
江西省赣州市章贡区	3	6	9
广东省深圳市龙湖区	3	6	9
广东省佛山市顺德区	3	6	9
辽宁省大连市甘井子区	3	6	10
辽宁省大连市凌水区	3	6	9
广东省广州市越秀区	3	6	9

图4-33 定位多个字符位置

实例42 MID+FIND组合函数：在地址中快速分离省、市、区信息

通过对【实例39】和【实例41】的学习，相信大家对MID和FIND两个函数的功能及应用已经有了一定的了解和掌握。在Excel中，MID函数主要用来提取指定文本，而FIND函数主要用来定位指定的字符在字符串中的所在位置。下面将介绍如何将这两个函数组合运用，在地址信息中快速分离省、市、区信息，效果如图4-34所示。

地址	省	市	区
广东省广州市白云区	广东省	广州市	白云区
河北省石家庄市长安区	河北省	石家庄市	长安区
江西省赣州市章贡区	江西省	赣州市	章贡区
广东省深圳市龙湖区	广东省	深圳市	龙湖区
广东省佛山市顺德区	广东省	佛山市	顺德区
辽宁省大连市甘井子区	辽宁省	大连市	甘井子区
辽宁省大连市凌水区	辽宁省	大连市	凌水区
广东省广州市越秀区	广东省	广州市	越秀区

图4-34 在地址信息中分离省、市、区信息

下面介绍通过MID+FIND组合函数分离地址信息的具体应用。

【实例42】MID+FIND组合函数：在地址中快速分离省、市、区信息

视频文件

步骤01 打开一个地址分离表素材文件，如图4-35所示。

B5 | | fx |

分离省、市、区

地址	省	市	区
广东省广州市白云区			
河北省石家庄市长安区			
江西省赣州市章贡区			
广东省深圳市龙湖区			
广东省佛山市顺德区			
辽宁省大连市甘井子区			
辽宁省大连市凌水区			
广东省广州市越秀区			

图4-35 打开素材文件

步骤02 选中B5单元格，在编辑栏输入公式"=MID(A5,1,FIND(B$4,A5))"，按回车键结束公式，如图4-36所示，即可分离地址中的"省"级信息。

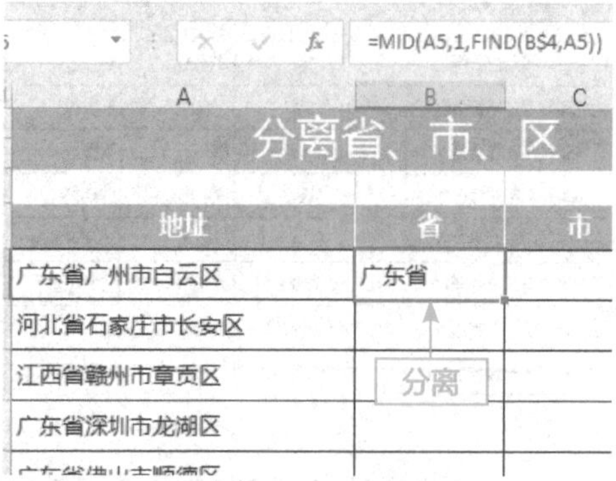

图4-36 分离地址中的"省"级信息

> **小贴士**
>
> **公式详解：**
>
> MID（指定文本信息,开始位置），FIND（定位条件,字符位置）。通过MID函数来进行分离，首先提取地址信息（A5），从左往右确认提取的开始位置（1），然后通过FIND函数定位指定条件"省"（B\$4，这里需要用混合引用固定行号），在地址信息中（A5）的字符位置，作为分离的结束位置。

步骤03 执行上述操作后，下拉拖曳B5单元格右下角，即可填充公式，批量分离"省"级信息，如图4-37所示。

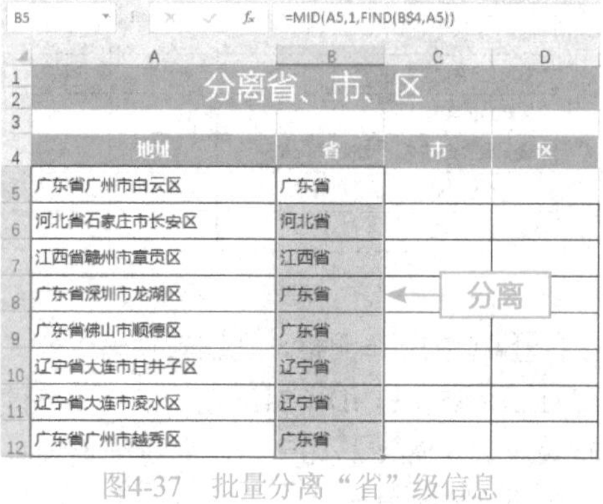

![图4-37相关表格]

图4-37 批量分离"省"级信息

步骤04 选中C5单元格，在编辑栏输入公式"=MID(A5,FIND(B\$4,A5)+1,FIND(C\$4,A5)-FIND(B\$4,A5))"，按回车键结束公式，如图

4-38所示，即可分离地址中的"市"级信息。

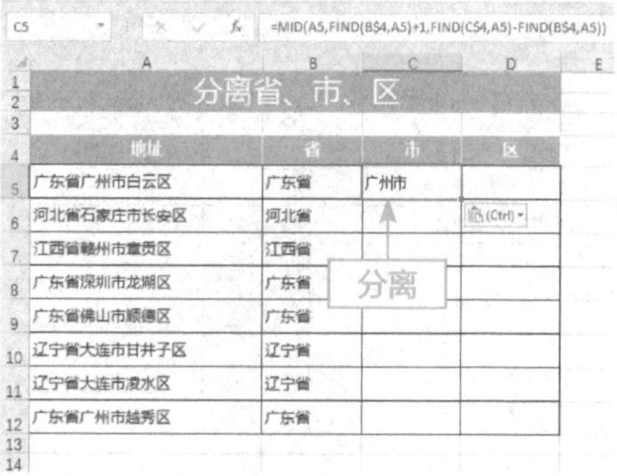

图4-38 分离地址中的"市"级信息

> **小贴士**
>
> 第2个公式中，我们可以分析出"市"的起始位置为"省"的位置后面的一位数，因此，这里可以用FIND函数定位"省"的位置后在后面+1，即可定位"市"的位置；然后用"市"的位置减去"省"的位置，即可通过MID函数提取出"市"级信息。
>
> 然后用同样的方法，即可提取出"区"级信息。用户如果觉得用FIND函数查找步骤太烦琐，也可以直接输入数字4来进行定位，但是这样就不能精确定位了，只能定位在指定数字的字符位置处。

步骤05 执行上述操作后，下拉拖曳C5单元格右下角，即可填充公式，批量分离"市"级信息，如图4-39所示。

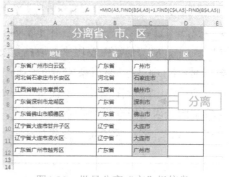

图4-39 批量分离"市"级信息

步骤**06**选中D5单元格，在编辑栏输入公式"=MID(A5,FIND(C$4,A5)+1,FIND(D$4,A5)-FIND(C$4,A5))"，按回车键结束公式，如图4-40所示，即可分离地址中的"区"级信息。

D5		fx	=MID(A5,FIND(C$4,A5)+1,FIND(D$4,A5)-FIND(C$4,A5))

图4-40 分离地址中的"区"级信息

步骤**07**执行上述操作后，下拉拖曳D5单元格右下角，即可填充公式，批量分离"区"级信息，最终效果如图4-41所示。

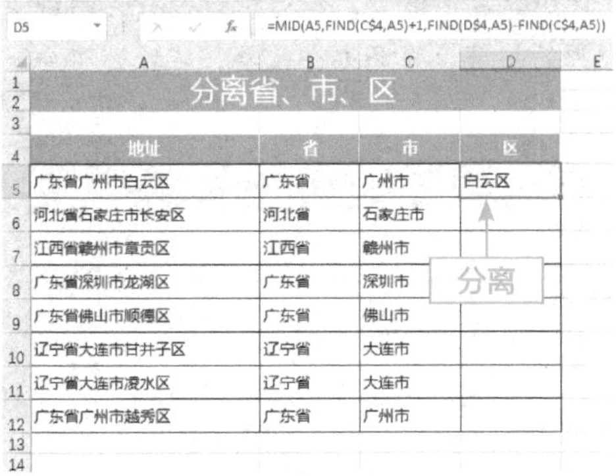

分离省、市、区			
地址	省	市	区
广东省广州市白云区	广东省	广州市	白云区
河北省石家庄市长安区	河北省	石家庄市	长安区
江西省赣州市章贡区	江西省	赣州市	章贡区
广东省深圳市龙湖区	广东省	深圳市	龙湖区
广东省佛山市顺德区	广东省	佛山市	顺德区
辽宁省大连市甘井子区	辽宁省	大连市	甘井子区
辽宁省大连市凌水区	辽宁省	大连市	凌水区
广东省广州市越秀区	广东省	广州市	越秀区

图4-41 最终效果

统计是Excel最基本的功能，前面我们讲过应用数据透视表可以进行快速汇总统计，那么在不适用数据透视表的情况下，你知道多少Excel统计数据的方法呢？本章精选2个简单的统计操作方法和4个常见的统计函数应用案例，针对统计进行详细讲解，帮助用户快速掌握Excel工作表中统计应用的技巧，提高办公效率，实现升职加薪不加班！

工号	姓名	业绩	排名
A-0001	常林	9557	2
A-0002	周姽	3224	9
A-0003	林小菁	7760	6
A-0004	王晓媛	9278	4
A-0005	曹越	7804	5
A-0006	贾倩倩	3722	7
A-0007	甄睿	9525	3
A-0008	乔乔	2132	11
A-0009	刘飞	9597	1
A-0010	孙小美	3475	8
A-0011	林月月	2203	10
A-0012	陈妃菲	2128	12

姓名	语文	数学	英语	总分	平均分
张晓红	80	90	80	250	83.3
周练	65	96	80	241	80.3
林悦	75	74	78	227	75.7
成佳依	77	60	75	212	70.7
曾媛媛	89	55	85	229	76.3
李丽	95	95	95	285	95.0
刘安安	95	90	88	273	91.0
黄荼	34	58	68	160	53.3
统计	610	618	649	1877	
平均分	76.3	77.3	81.1		

姓名	业绩	性别	地区	
李晓迪	226	男	北京	1、统计男生人数
				2
梁骁静	210	女	上海	2、统计业绩大于300人数
周芃	399	女	广州	2
安琪拉	279	女	北京	3、统计名字为3个字的人数
曾黎	309	男	上海	3

5.1 简单的统计操作方法

在Excel中，掌握一些简单的、基础的统计应用操作方法，可以大大提高我们的工作效率。下面介绍两个快捷有效、简单易懂的统计操作技巧。

 实例43 使用快捷键：统计各区域分店销售数据

在Excel工作表中，有一个特别方便快捷的统计应用快捷键，可以帮助用户快速统计各区域分店的销售数据，效果如图5-1所示。

名称 \ 月份	1月	2月	3月	合计
分店1	4580	4681	4859	14120
分店2	5588	2656	5682	13926
分店3	6583	5463	5526	17572
分店4	4583	1256	6552	12391
分店5	5642	6852	7886	20380
合计	26976	20908	30505	78389

图5-1 统计各区域分店的销售数据

下面介绍使用快捷键，快速统计各区域分店销售数据具体的应用方法。

【实例43】使用快捷键：统计各区域分店销售数据

视频文件

步骤01 打开一个区域分店数据表素材文件，如图5-2所示。

名称＼月份	1月	2月	3月	合计
分店1	4580	4681	4859	
分店2	5588	2656	5682	
分店3	6583	5463	5526	
分店4	4583	1256	6552	
分店5	5642	6852	7886	
合计				

图5-2　打开素材文件

步骤02 选中B2：B7单元格，按【Alt+=】组合键，即可快速统计1月份各分店的销售数据，如图5-3所示。

名称＼月份	1月	2月	3月	合计
分店1	4580	4681	4859	
分店2	5588	2656	5682	
分店3	6583	5463	5526	
分店4	统计	1256	6552	
分店5	5642	6852	7886	
合计	26976			

图5-3　统计1月份各分店的销售数据

步骤03 选中B2：E2单元格，按【Alt+=】组合键，即可快速统计分店1三个月的销售数据，如图5-4所示。

步骤04 选中B2：E7单元格，按【Alt+=】组合键，即可快速统计各分店、各月的销售数据和总销售数据，最终效果如图5-5所示。

名称＼月份	1月	2月	3月	合计
分店1	4580	4681	4859	14120
分店2	5588	2656	5682	
分店3	6583	5463	5526	
分店4	4583	1256	6552	
分店5	5642	6852	7886	
合计	26976			

图5-4　统计分店1三个月的销售数据

名称＼月份	1月	2月	3月	合计
分店1	4580	4681	4859	14120
分店2	5588	2656	5682	13926
分店3	6583	5463	5526	17572
分店4	4583	1256	6552	12391
分店5	5642	6852	7886	20380
合计	26976	20908	30505	78389

图5-5　最终效果

实例44　使用自动计算命令：快速统计科目总分和平均分

在Excel的"开始"功能区中的"编辑"选项区中，有一个"自动求和"按钮Σ，可以在工作表中进行自动计算，实现快速求和、快速统计平均分等运算，效果如图5-6所示。

姓名	语文	数学	英语	总分	平均分
张晓红	80	90	80	250	83.3
周练	65	96	80	241	80.3
林悦	75	74	78	227	75.7
成佳依	77	60	75	212	70.7
曾媛媛	89	55	85	229	76.3
李丽	95	95	95	285	95.0
刘安安	95	90	88	273	91.0
黄茶	34	58	68	160	53.3
统计	610	618	649	1877	
平均分	76.3	77.3	81.1		

图5-6　科目统计表

下面介绍使用自动计算命令，快速统计科目总分和平均分的具体应用方法。

【实例44】使用自动计算命令：快速统计科目总分和平均分

步骤01打开一个科目统计表素材文件，如图5-7所示。

图5-7　打开素材文件

步骤02在工作表中，选中B2：E10单元格，如图5-8所示。

图5-8　选中B2：E10单元格

步骤03在功能区中，单击"自动求和"按钮，如图5-9所示。

步骤04执行操作后，即可统计各人、各科目的总分成绩，如图5-10所示。

图5-9　单击"自动求和"按钮

图5-10　统计总分成绩

步骤05选中B2：D9单元格，如图5-11所示。

图5-11　选中B2：D9单元格

步骤06在功能区中单击"自动求和"下拉按钮，在弹出的下拉列表中，选择"平均值"选项，如图5-12所示。

步骤07执行上述操作后，即可计算各科目的平均分，如图5-13所示。

图5-12 选择"平均值"选项

	A	B	C	D	E	F
1	姓名	语文	数学	英语	总分	平均分
2	张晓红	80	90	80	250	
3	周练	65	96	80	241	
4	林悦	75	74	78	227	
5	成佳依	77	60	75	212	
6	曾媛媛	89	55	85	229	
7	李丽	95	95	95	285	
8	刘安安	95	计算	88	273	
9	黄荼	34	58	68	160	
10	统计	610	618	649	1877	
11	平均分	76.25	77.25	81.125		

图5-13 计算各科目的平均分

步骤08 选中B2：D2单元格，如图5-14所示。

	A	B	C	D	E	F
1	姓名	语文	数学	英语	总分	平均分
2	张晓红	80	90	80	250	
3	周练	65	93	80	241	
4	林悦	75	74	78	227	
5	成佳依	77	选中	75	212	
6	曾媛媛	89	55	85	229	
7	李丽	95	95	95	285	
8	刘安安	95	90	88	273	
9	黄荼	34	58	68	160	
10	统计	610	618	649	1877	
11	平均分	76.25	77.25	81.125		

图5-14 选中B2：D2单元格

小贴士

在Excel中，进行自动计算命令时，需要注意以下几个细节：

（1）进行自动求和统计时，所计算的值会显示在所选区域的空白单元格中或相邻的空白单元格中。

（2）当用户所选区域仅一行多列时，计算平均值时会默认为当前行所选区域内数据的平均值，计算的值会显示在所选区域右边的空白单元格中。

（3）当用户所选区域为多行多列时，计算平均值时会默认为当前列的平均值，按列逐一统计平均值。

（4）在工作表中统计平均值时，如果没有隔行计算，用户可以选中与需要计算的数据相邻的空白单元格，然后在功能区中单击自动计算命令，即可统计平均值。

（5）如果统计平均值时有隔行，选中隔行的空白单元格，单击自动计算命令后，选中单元格，在编辑栏更改公式中的列号即可。

步骤09 用与上同样的方法，计算个人三科成绩的平均分，如图5-15所示。

	A	B	C	D	E	F
1	姓名	语文	数学	英语	总分	平均分
2	张晓红	80	90	80	250	83.3333333
3	周练	65	96	80	241	
4	林悦	75	74	78	227	
5	成佳依	77	60	75	212	计算
6	曾媛媛	89	55	85	229	
7	李丽	95	95	95	285	
8	刘安安	95	90	88	273	
9	黄荼	34	58	68	160	
10	统计	610	618	649	1877	
11	平均分	76.25	77.25	81.125		

图5-15 计算个人三科成绩的平均分

步骤10 下拉拖曳F2单元格至F9单元格，填充公式，即可计算每个人的平均分，如图5-16所示。

步骤11 选中F2：F9单元格，然后按住【Ctrl】键的同时，选中B11：D11单元格，如图5-17所示。

步骤12 在"开始"功能区中的"数字"选项区中，连击"减少小数位数"按钮，如图5-18所示。

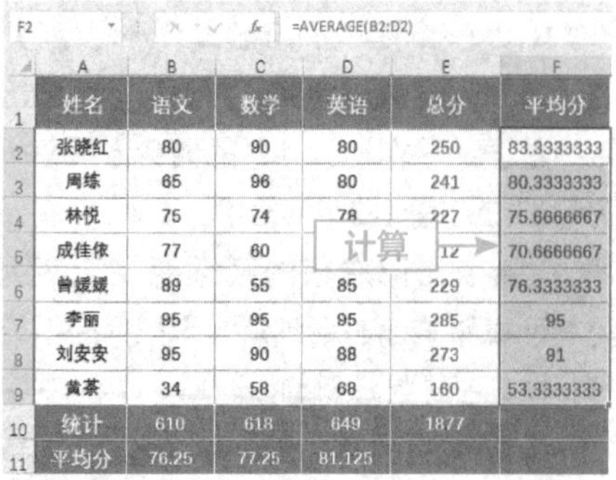

F2　　=AVERAGE(B2:D2)

图5-16　计算每个人的平均分

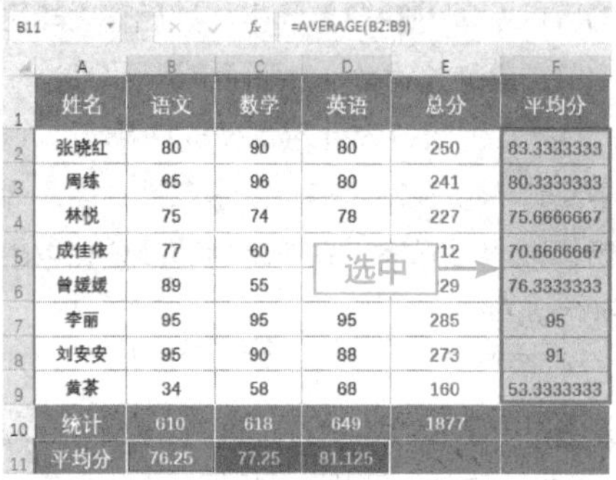

B11　　=AVERAGE(B2:B9)

图5-17　选中相应单元格

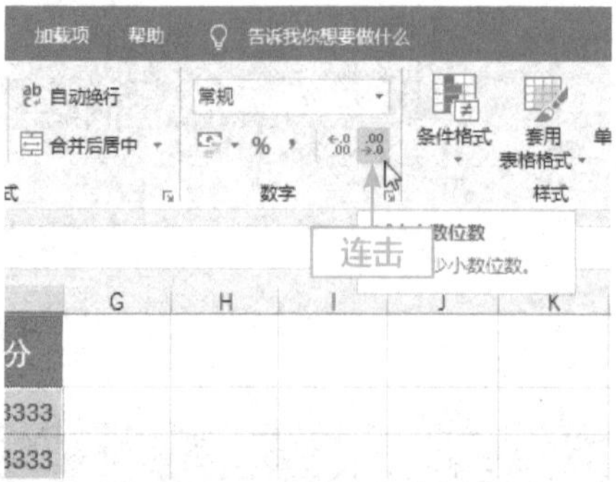

图5-18　连击"减少小数位数"按钮

直至单元格中的小数点为1位数时，停止连击，最终效果如图5-19所示。

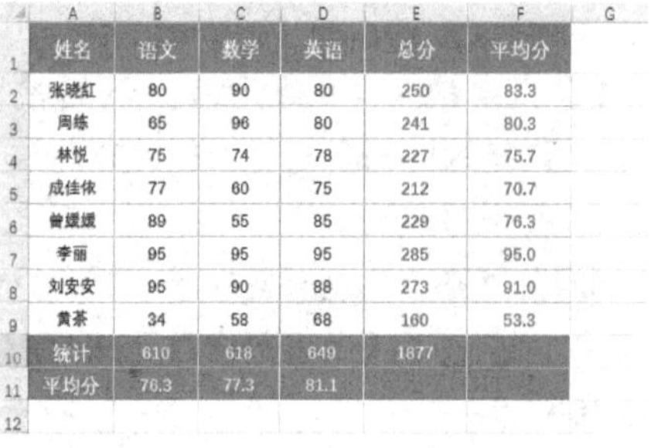

图5-19　最终效果

5.2　常见统计函数的应用

前面介绍了两个快速统计的应用操作技巧，下面将介绍我们日常生活和办公时常见、常用的几个统计函数的应用，包括RANK函数、MAX-MIN函数、COUNT函数以及COUNTIF函数等，灵活掌握这些函数的运用，可以帮助用户有效办公，及时将领导需要的数据报表上交汇报。

实例45　RANK函数：获取排名，对员工业绩表进行排名

在Excel工作表中进行排名统计时，很多人第一个想到的一定是RANK函数，在Excel中，RANK函数的主要作用通常是对指定区域内的数据进行排名。RANK函数的基本功能、语法和参数定义如下。

功能

求在指定区域单元格范围内的其中一个单元格数据的排名。

语法

RANK(number,ref,[order])

定义

number：需要求排名的那个单元格中的数据。

ref：指定的排名区域范围。

order：0和1，不输入也可以，返回的排名从最大值递减；反过来，求倒数排名时order的值为1，排名从最小值递增。

在Excel工作表中，通过RANK函数，可以对员工的业绩进行排名，效果如图5-20所示，其中标黄色背景底纹的单元格为业绩前三名，标色可以高亮，使我们所需要得知的信息栏更加醒目。

工号	姓名	业绩	排名
A-0001	常林	9557	2
A-0002	周梅	3224	9
A-0003	林小菁	7760	6
A-0004	王晓媛	9278	4
A-0005	曹越	7804	5
A-0006	贾倩倩	3722	7
A-0007	甄雪	9525	3
A-0008	乔乔	2132	11
A-0009	刘飞	9597	1
A-0010	孙小美	3475	8
A-0011	林月月	2203	10
A-0012	陈妃菲	2128	12

图5-20　员工业绩排名效果

下面介绍如何通过RANK函数来获取排名，对员工业绩表进行排名的具体应用。

【实例45】RANK函数：获取排名，对员工业绩表进行排名

视频文件

步骤01 在Excel中，打开一个业绩排名表素材文件，如图5-21所示。

	A	B	C	D
1	工号	姓名	业绩	排名
2	A-0001	常林	9557	
3	A-0002	周梅	3224	
4	A-0003	林小菁	7760	
5	A-0004	王晓媛	9278	
6	A-0005	曹越	7804	
7	A-0006	贾倩倩	3722	
8	A-0007	甄雪	9525	
9	A-0008	乔乔	2132	
10	A-0009	刘飞	9597	
11	A-0010	孙小美	3475	
12	A-0011	林月月	2203	
13	A-0012	陈妃菲	2128	

图5-21　打开素材文件

步骤02 选中D2单元格，在编辑栏输入公式"=RANK.EQ()"，如图5-22所示。

步骤03 将光标移至括号内，在工作表中选中需要进行排名的C2单元格，并输入一个英文逗号，如图5-23所示。

SUM　　×　✓　fx　=RANK.EQ()　　输入

	A	B	C	D
1	工号	姓名	业绩	排名
2	A-0001	常林	9557	=RANK.EQ()
3	A-0002	周梅	3224	
4	A-0003	林小菁	7760	
5	A-0004	王晓媛	9278	
6	A-0005	曹越	7804	
7	A-0006	贾倩倩	3722	
8	A-0007	甄雪	9525	
9	A-0008	乔乔	2132	
10	A-0009	刘飞	9597	
11	A-0010	孙小美	3475	
12	A-0011	林月月	2203	
13	A-0012	陈妃菲	2128	

图5-22　输入函数公式

D2　　×　fx　=RANK.EQ(C2)

	A	B	C	D
1	工号	姓名	业绩	排名
2	A-0001	常林	9557	NK.EQ(C2,)
3	A-0002	周梅	3224	
4	A-0003	林小菁	7760	
5	A-0004	王晓媛		选中
6	A-0005	曹越	7804	
7	A-0006	贾倩倩	3722	
8	A-0007	甄雪	9525	
9	A-0008	乔乔	2132	
10	A-0009	刘飞	9597	
11	A-0010	孙小美	3475	
12	A-0011	林月月	2203	
13	A-0012	陈妃菲	2128	

图5-23　选中C2单元格

步骤04 继续选中指定的排名区域范围C2：C13单元格，并按【F4】键绝对引用单元格，固定排名区域，如图5-24所示，输入公式后，按回车键结束确认。

C2　　×　fx　=RANK.EQ(C2,$C$2:$C$13)

	A	B	C	D
1	工号	姓名	业绩	排名
2	A-0001	常林	9557	2,$C$2:$C$13)
3	A-0002	周梅	3224	
4	A-0003	林小菁	7760	
5	A-0004	王晓媛	9278	
6	A-0005	曹越	7804	
7	A-0006	贾倩倩		选中
8	A-0007	甄雪	9525	
9	A-0008	乔乔	2132	
10	A-0009	刘飞	9597	
11	A-0010	孙小美	3475	
12	A-0011	林月月	2203	
13	A-0012	陈妃菲	2128	

图5-24　选中C2：C13单元格

步骤05 选中D2单元格，并双击D2单元格右下角，即可填充公式，效果如图5-25所示。

工号	姓名	业绩	排名
A-0001	常林	9557	2
A-0002	周梅	3224	9
A-0003	林小菁	7760	6
A-0004	王晓媛	9278	4
A-0005	曹越	7804	5
A-0006	贾倩倩		7
A-0007	甄香	9525	3
A-0008	乔乔	2132	11
A-0009	刘飞	9597	1
A-0010	孙小美	3475	8
A-0011	林月月	2203	10
A-0012	陈妃菲	2128	12

图5-25 填充公式

D2 =RANK.EQ(C2,$C$2:$C$13)

工号	姓名	业绩	排名
A-0001	常林	9557	2
A-0002	周梅	3224	9
A-0003	林小菁	7760	6
A-0004	王晓媛	9278	4
A-0005	曹越	7804	5
A-0006	贾倩倩	3722	7
A-0007	甄香	9525	3
A-0008	乔乔	2132	11
A-0009	刘飞	9597	1
A-0010	孙小美	3475	8
A-0011	林月月	2203	10
A-0012	陈妃菲	2128	12

图5-28 高亮单元格数据信息

步骤06 执行操作后，选中前三名单元格，如图5-26所示。

D8 =RANK.EQ(C8,$C$2:$C$13)

工号	姓名	业绩	排名
A-0001	常林	9557	2
A-0002	周梅	3224	9
A-0003	林小菁	7760	6
A-0004	王晓媛	9278	4
A-0005	曹越	7804	5
A-0006	贾倩倩	3722	7
A-0007	甄香		3
A-0008	乔乔	2132	11
A-0009	刘飞	9597	1
A-0010	孙小美	3475	8
A-0011	林月月	2203	10
A-0012	陈妃菲	2128	12

图5-26 选中前三名单元格

步骤07 在"开始"功能区中，设置所选单元格的背景"填充颜色"为"黄色"，效果如图5-27所示。

图5-27 设置背景"填充颜色"

步骤08 执行操作后，即可高亮单元格数据信息，如图5-28所示。

小贴士

除了用RANK函数来获取排名外，用户还可以通过筛选排序的方法来进行排名。

首先选中C列单元格，然后在功能区中单击"排序和筛选"下拉按钮，如图5-29所示，在弹出的下拉列表中，选择"降序"选项，即可使单元格中的数据从最大值开始向最小值排序，如图5-30所示。

图5-29 单击"排序和筛选"选项

C1 业绩

工号	姓名	业绩	排名
A-0009	刘飞	9597	
A-0001	常林	9557	
A-0007	甄香	9525	
A-0004	王晓媛	9278	
A-0005	曹越	7804	
A-0003	林小菁	7760	
A-0006	贾倩倩	3722	
A-0010	孙小美	3475	
A-0002	周梅	3224	
A-0011	林月月	2203	
A-0008	乔乔	2132	
A-0012	陈妃菲	2128	

图5-30 从最大值开始向最小值排序

然后在D2单元格中，直接输入数字

1，按【Ctrl】键下拉拖曳单元格右下角至D13单元格即可由最小值向最大值进行填充，执行操作后，即可完成排名操作，只是这样一来就打乱了按工号排序的顺序，如果用户是以工号作为排序基准，建议应用RANK函数来获取排名。

0。当单元格中的参数值发生错误时，将会默认计算单元格中的数组或引用中的数字。当其他文本、逻辑值等参数不能忽略时，用户如果需要对其进行计算，可以应用MAX函数或MIN函数。

通过对以上MAX函数和MIN函数的基本功能、语法和使用说明的学习了解，我们可以应用这两个函数，在员工的月绩效评分成绩表中进行最大值和最小值的高亮标记，效果如图5-31所示。

实例46　MAX-MIN函数：自动标记成绩表中的最大值和最小值

在Excel中，MAX函数和MIN函数分别表示最大值和最小值，MAX函数和MIN函数的基本功能、语法、参数定义和使用说明如下。

功能

MAX：返回一组数值中的最大值，忽略逻辑值及文本。

MIN：返回一组数值中的最小值，忽略逻辑值及文本。

语法

MAX(number1,[number2],...)

从指定单元格及单元格区域内的参数中求出最大值。

MIN(number1,[number2],...)

从指定单元格及单元格区域内的参数中求出最小值。

定义

number1,[number2],...number1后续数字为可选。要从指定中查找最大值或最小值的1～255个数字。

说明

单元格中的参数可以是数字、文本、逻辑值、数值文本字符串以及空白单元格等。当单元格中的参数没有数字在内，MAX函数或MIN函数返回值为

姓名	3月份绩效评分
朱利安	80
唐木	75
李代	90
周月	95
王安迪	97
牛雪莉	66
牛爱华	70
曹美玲	58
唐小糖	88

图5-31　高亮标记成绩表中的最大值和最小值

下面介绍通过MAX函数和MIN函数，在绩效评分成绩表中进行最大值和最小值高亮标记的具体应用。

【实例46】MAX-MIN函数：自动标记成绩表中的最大值和最小值

步骤 **01** 打开一个绩效评分表素材文件，如图5-32所示，选中B2：B10单元格。

步骤 **02** 在功能区中，单击"条件格式"下拉按钮，在弹出的下拉列表中，选择"新

建规则”选项，如图5-33所示。

	A	B
1	姓名	3月份绩效评分
2	朱利安	80
3	唐木	75
4	李代	90
5	周月	95
6	王安迪	97
7	牛雪莉	66
8	牛爱华	70
9	曹美玲	58
10	唐小糖	88

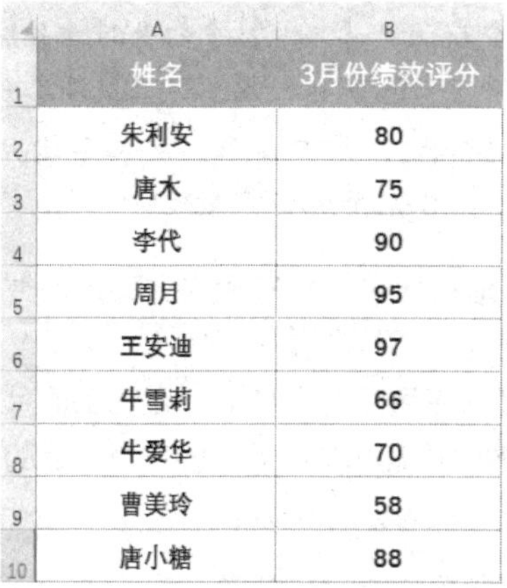

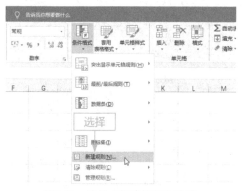

图5-32 打开素材文件

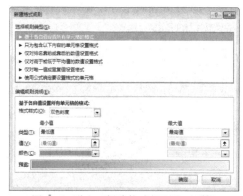

图5-33 选择“新建规则”选项

弹出“新建格式规则”对话框，如图5-34所示。

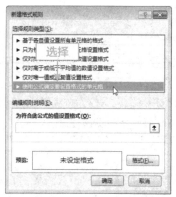

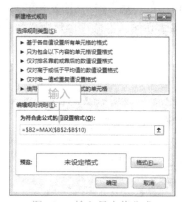

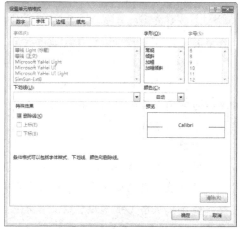

图5-34 弹出“新建格式规则”对话框

步骤03 在“选择规则类型”选项区中，选择“使用公式确定要设置格式的单元格”选项，如图5-35所示。

图5-35 选择相应选项

步骤04 在下方“为符合此公式的值设置格式”文本框中，输入最大值公式“=$B2=MAX($B$2:$B$10)”，如图5-36所示。

图5-36 输入最大值公式

步骤05 单击下方的“格式”按钮，弹出“设置单元格格式”对话框，如图5-37所示。

图5-37 弹出“设置单元格格式”对话框

步骤06设置“字体”的“颜色”为“白色”，如图5-38所示。

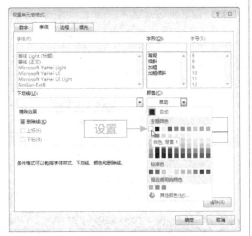

图5-38 设置“字体”的“颜色”

步骤07切换至“填充”选项卡，设置“背景色”为“红色”，如图5-39所示。

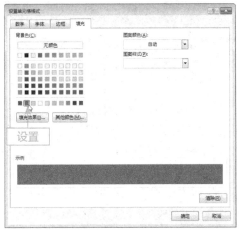

图5-39 设置“背景色”

步骤08单击对话框底部的“确定”按钮，直至返回工作表，可以查看工作表中被条件定义的最大值效果，如图5-40所示。

步骤09选中B2：B10单元格，如图5-41所示。

步骤10再次打开“新建格式规则”对话框，并在“选择规则类型”选项区中选择最后一项，然后在下方的“为符合此公式的值设置格式”文本框中，输入最小值公式“=$B2=MIN($B$2:$B$10)”，如图5-42所示。

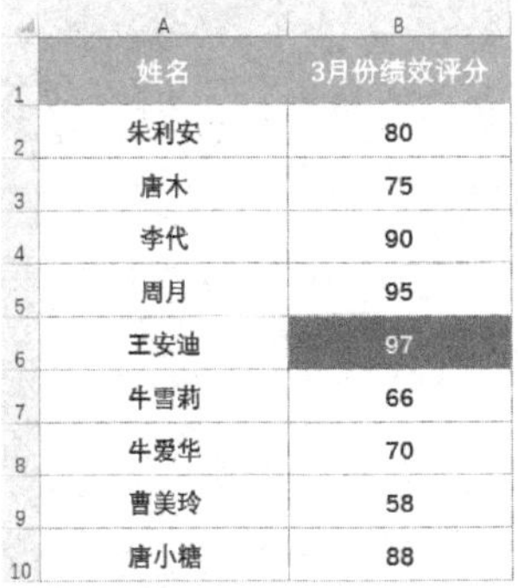

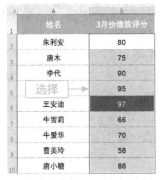

	A	B
1	姓名	3月份绩效评分
2	朱利安	80
3	唐木	75
4	李代	90
5	周月	95
6	王安迪	97
7	牛雪莉	66
8	牛爱华	70
9	曹美玲	58
10	唐小糖	88

图5-40 最大值效果

	A	B
1	姓名	3月份绩效评分
2	朱利安	80
3	唐木	75
4	李代	90
5	周月	95
6	王安迪	97
7	牛雪莉	66
8	牛爱华	70
9	曹美玲	58
10	唐小糖	88

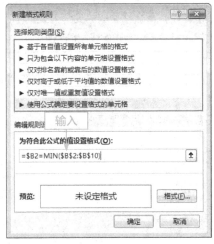

图5-41 选中B2：B10单元格

图5-42 输入最小值公式

步骤11单击“格式”按钮，弹出“设置单元格格式”对话框后，设置“字体”的“颜色”为“白色”，如图5-43所示。

图5-43　设置"字体"的"颜色"

小贴士

用户在输入公式前可以先将公式编辑好并保存在记事本中，在输入时直接在记事本中复制粘贴即可，省去了重新编写公式的步骤。

本例中的两个函数公式中的参数是一样的，用户也可以在编写好第一个公式时将公式复制，在输入第二个公式时直接粘贴，然后更改公式中的函数即可应用。这样最方便、快捷、有效，第一个公式如果验证无误，那么粘贴的第二个公式就不会出错，省去了编写错误带来的麻烦。

步骤12切换至"填充"选项卡，设置"背景色"为"绿色"，如图5-44所示。

图5-44　设置"背景色"

步骤13单击"确定"按钮，直至返回工作表，即可查看最终效果，如图5-45所示。

姓名	3月份绩效评分
朱利安	80
唐木	75
李代	90
周月	95
王安迪	97
牛雪莉	66
牛爱华	70
曹美玲	58
唐小糖	88

图5-45　最终效果

小贴士

当用户更改B2：B10单元格中的最大值和最小值时，单元格条件定义的最大值和最小值也会随之发生改变。

实例47　COUNT函数：统计表格中员工相同的姓名个数

在Excel中，COUNT函数主要用于计算指定单元格区域范围内所包含数字的单元格个数。要应用COUNT函数，只要有1个以上参数即可计算。COUNT函数的基本功能、语法、参数定义和使用说明如下。

功能

计算单元格以及参数列表中所包含数字的个数。

语法

COUNT(value1,[value2],...)

定义

value1：必需。要计算其中数字的个数的第一个项、单元格引用或区域。

value2,...：可选。要计算其中数字的个数的其他项、单元格引用或区域，最多可包含255个参数。

说明

如果参数为数字、日期、逻辑值或者代表数字的文本（例如，用引号引起的数字，如"1"），则将被计算在内。

如果参数为错误值或不能转换为数字的文本，则不会被计算在内。

如果参数为数组或引用，则只计算数组或引用中数字的个数，不会计算数组或引用中的空单元格、逻辑值、文本或错误值。

若要计算逻辑值、文本值或错误值的个数，应使用COUNTA函数。

若只计算符合某一条件的数字的个数，应使用COUNTIF函数或COUNTIFS函数。

1. 基础应用

在进行案例详解应用前，我们先来学习一下COUNTA函数的基础用法。

【实例47】COUNT函数：基础应用

视频文件

步骤01 打开一个计数表素材文件，切换至"基础"工作表，如图5-46所示。

图5-46　切换至"基础"工作表

步骤02 选中B2单元格，在编辑栏输入公式

"=COUNT()"，如图5-47所示。

图5-47　输入函数公式

步骤03 将光标移至括号内，用引用的方式选中A2：A7单元格，如图5-48所示。

图5-48　选中A2：A7单元格

步骤04 按回车键结束，即可计算出包含数字的单元格个数，对文本、逻辑值、错误值不进行计算，如图5-49所示。

图5-49　计算包含数字的单元格个数

步骤05 再次选中B2单元格后，在编辑栏公式中的单元格引用后面，添加一个逻辑值，如图5-50所示。

步骤06 按回车键结束确认后，即可计算出包含数字以及逻辑值的单元格个数，对文本、错误值不进行计算，如图5-51所示，以上即是COUNT函数的基础应用。

图5-50　添加逻辑值

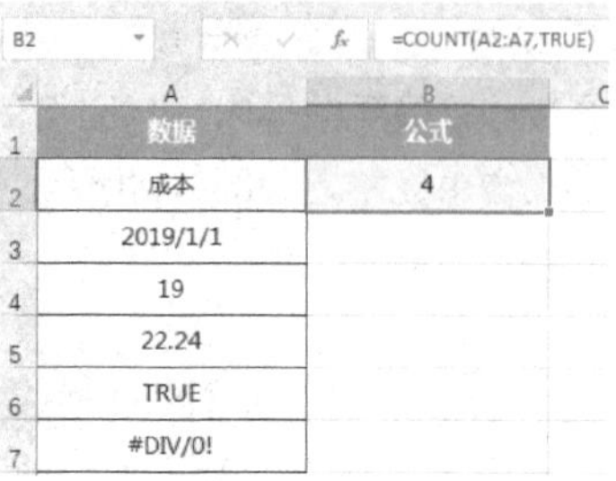

图5-51　计算结果

2. 实例统计

了解了对COUNT函数的基础应用后，下面介绍通过COUNT函数在表格中统计员工相同姓名的个数的实例操作方法。

【实例47】COUNT函数：实例统计

视频文件

步骤01 打开一个计数表素材文件，切换至"统计"工作表，如图5-52所示。

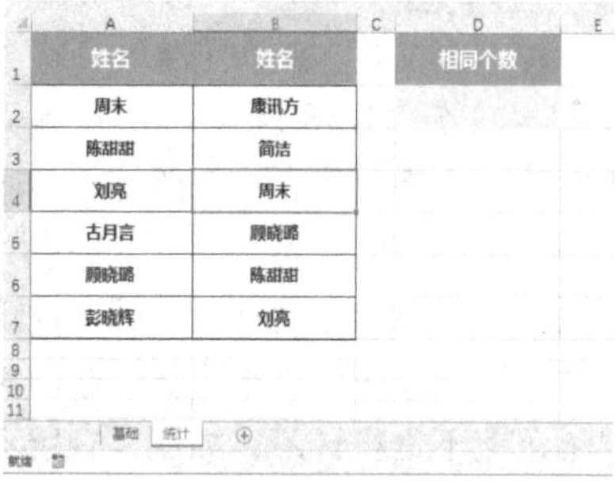

图5-52　切换至"统计"工作表

步骤02 选中D2单元格，在编辑栏输入内层函数公式"=MATCH()"，如图5-53所示。

图5-53　输入内层函数公式

小贴士

如图5-52所示，其中有两列姓名数据，需要统计出相同姓名的个数，这里需要应用COUNT函数和MATCH函数来进行组合计算：通过MATCH函数来定位相对值，利用COUNT函数对错误值不计算的特点来进行计数。

步骤03 将光标移至括号内，第一个参数为要查找的值，这里选中B2：B7单元格，如图5-54所示。

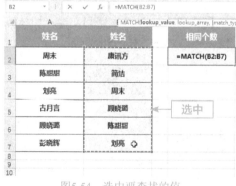

图5-54　选中要查找的值

步骤04 第二个参数为要相对查找的区域，这里选中A2：A7单元格，如图5-55所示。

步骤05 第三个参数采用精确匹配，这里输入"0"即可，如图5-56所示。

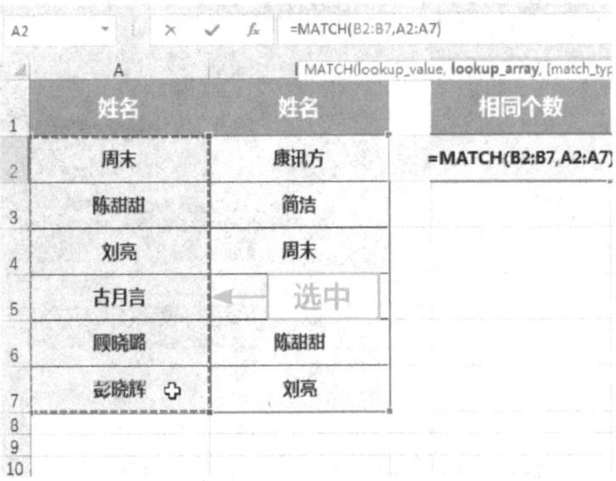

图5-55 选中要相对查找的区域单元格

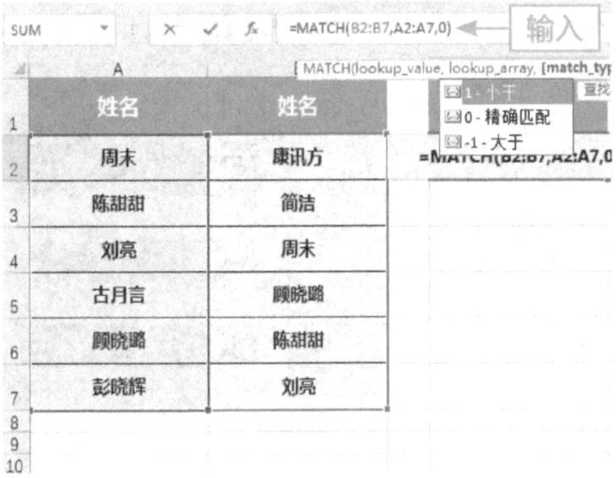

=MATCH(B2:B7,A2:A7,0) ← 输入

	A			姓名	姓名	
MATCH(lookup_value, lookup_array, [match_type])

图5-56 输入"0"

步骤06在最外层嵌套COUNT函数，完整的公式为"=COUNT(MATCH(B2:B7, A2:A7, 0))"，如图5-57所示。

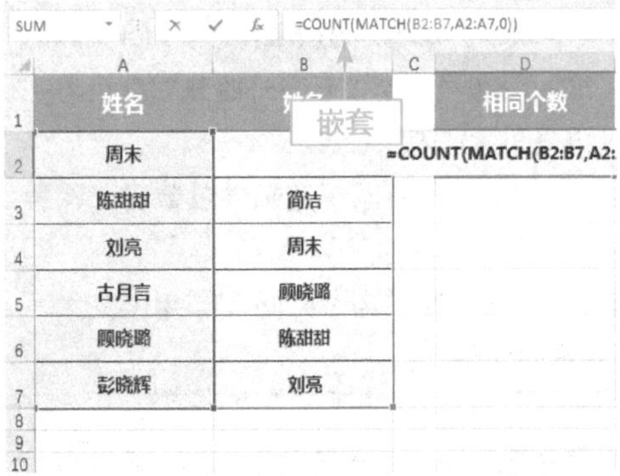

=COUNT(MATCH(B2:B7,A2:A7,0))

图5-57 嵌套COUNT函数

步骤07前面输入的是数组公式，这里要按【Ctrl+Shift+Enter】组合键结束，执行操作后，即可统计表格中员工相同姓名的个数，如图5-58所示。

{=COUNT(MATCH(B2:B7,A2:A7,0))}

	姓名	姓名		相同个数
1				
2	周末	康讯方		4
3	陈甜甜	简洁		
4	刘亮	周末		
5	古月言	顾晓璐		
6	顾晓璐	陈甜甜		
7	彭晓辉	刘亮		

图5-58 统计员工相同姓名的个数

实例48 COUNTIF函数：统计公司业务员的相关数据

在Excel中，COUNTIF函数主要用于计算某个单元格区域内满足单个指定条件的单元格数目。COUNTIF函数的基本功能、语法和参数定义如下。

功能

对区域中满足单个指定条件的单元格进行计数。

语法

COUNTIF(range,criteria)

定义

range：必需。需要计数的区域。

criteria：必需。计数条件。

我们可以通过应用COUNTIF函数，统计公司业务员的一些相关数据信息。图5-59所示分别统计了男生人数、业绩大于300的人数、名字为3个字的人数。

姓名	业绩	性别	地区		
李晓迪	226	男	北京	1. 统计男生人数	
					2
梁晓静	210	女	上海	2. 统计业绩大于300人数	
					2
周氏	399	女	广州	3. 统计名字为3个字的人数	
安琪拉	279	女	北京		
					3
曾黎	309	男	上海		

图5-59 公司业务员的相关统计数据

下面介绍用COUNTIF函数来统计公司业务员相关数据信息的具体应用。

【实例48】COUNTIF函数：统计公司业务员的相关数据

步骤01 打开一个员工信息表素材文件，如图5-60所示。

这里输入"男"，如图5-63所示。

图5-63　输入计数条件

步骤05 完整公式为"=COUNTIF(C2:C6,"男")"，按回车键结束确认，即可查看男生人数统计结果，如图5-64所示。

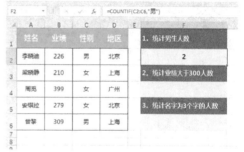

图5-64　查看男生人数统计结果

图5-60　打开素材文件

步骤02 选中F2单元格，输入函数公式"=COUNTIF()"，如图5-61所示。

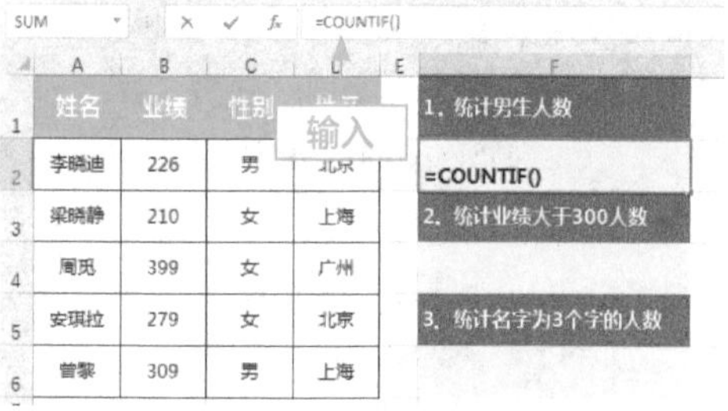

图5-61　输入函数公式

步骤03 将光标移至括号内，在工作表中，第一个参数为需要计数的区域，这里选中C2：C6单元格，如图5-62所示。

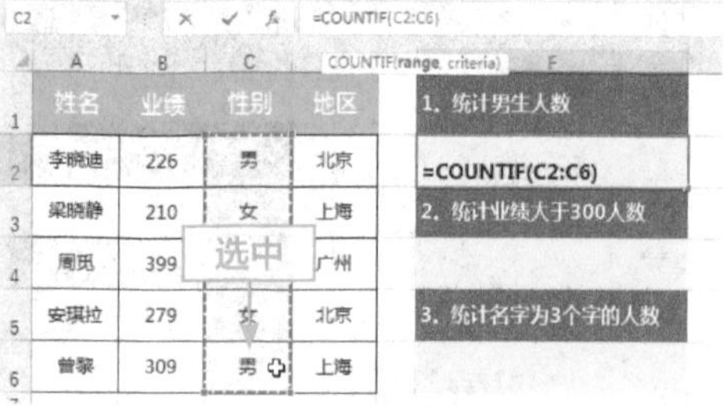

图5-62　选中需要计数的区域

步骤04 第二个参数为指定要计数的条件，

小贴士

　　在操作过程中，需要注意以下几个细节：

　　（1）在输入函数后，为了防止忘记输入反括号，建议在一开始先输入括号，再编写括号内的参数。

　　（2）在编写指定条件参数时，需要输入英文大写的双引号。

　　（3）参数与参数间需要用英文大写逗号进行间隔。

步骤06 选中F4单元格，在编辑栏输入COUNTIF函数公式，选中需要计算的区域B2：B6单元格，如图5-65所示。

步骤07 输入指定条件"">300""，如图5-66所示。

步骤08 完整公式为"=COUNTIF(B2：

B6,">300")”，按回车键结束确认，即可查看业绩大于300所统计的人数，如图5-67所示。

图5-65　选中B2：B6单元格

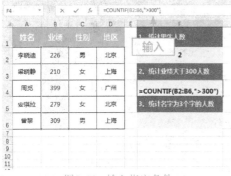

图5-66　输入指定条件

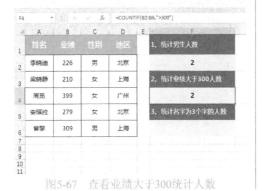

图5-67　查看业绩大于300统计人数

选中F6单元格，用与上同样的方法输入公式“=COUNTIF(A2:A6,"???")”，按回车键结束确认，即可查看名字为3个字的人数统计结果，如图5-68所示。

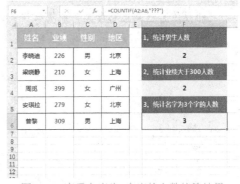

图5-68　查看名字为3个字的人数统计结果

小贴士

　　在上述公式中的指定条件"???"中，问号代表字符，3个问号即代表3个字符。

第6章 数学函数处理运算问题

在使用Excel的日常工作过程中，有一些数学函数我们经常用到，如求和、求余，以及随机数生成等，用来处理简单的计算，例如对数字取整、计算单元格区域中的数值总和或复杂计算，能有效提高工作效率。本章精选了几个提升办公效率的实用数学函数技巧，能为用户节约网上搜索与求助的时间，告别事倍功半的日子！

F12 =SUMIF(B:B,"<>"&E12,C:C)

姓名	部门	工资
李潇	管理部	7490
林玉飞	人事部	4768
周嘉其	业务部	6773
袁立云	人事部	6311
罗嘉茵	秘书办	3850
雷琼	财务部	4366
张蕾	财务部	6969
曾月	设计部	3564
周美琴	设计部	5019
赵英华	宣传部	5365
李标	人事部	5350

1、求人事部成员的工资（标准用法）

条件	求和结果
人事部	16429

2、求工资大于等于5000的总工资（省略第三个参数用法）

条件	求和结果
≥5000总工资	43277

3、计算除人事部以外的总工资

条件	求和结果
人事部	43396

F4 =SUM(红色)

序号	产品	1月销量	2月销量	3月销量	按颜色求和
1	苹果醋	130	200	180	1000
2	橙汁	500	600	550	590
3	椰汁	250	350	280	950
4	纯牛奶	100	120	120	
5	酸奶	280	350	320	
6	葡萄汁	180	150	150	
7	鸡尾酒	200	150	210	
8	葡萄酒	350	200	400	
9	啤酒	600	500	600	
10	矿泉水	300	200	230	

区域	姓名	销售组	销量
广东	周小曼	A组	3564
江西	赵青	A组	5019
广东	刘旻	A组	5365
云南	曹云莫	A组	5350
云南	陈楼	B组	7490
四川	李周秒	B组	4768
江西	张蕾	B组	6773
广东	雷佳亭	B组	6311
四川	华文	C组	3850
广东	朝小蛮	C组	4366
江西	任泉心	C组	6969

1、求广东销售A组成员的总销量

条件1	条件2	求和结果
广东	A组	8929

2、求员工在3000~5000的总销量

条件1	条件2	求和结果
>=3000	<=5000	16548

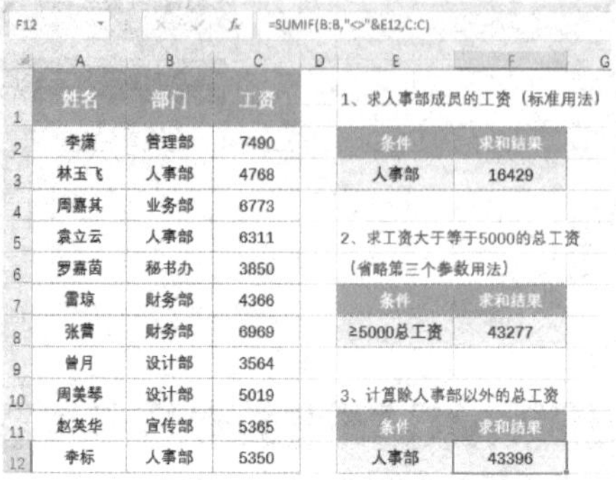

6.1 SUM函数的应用技巧

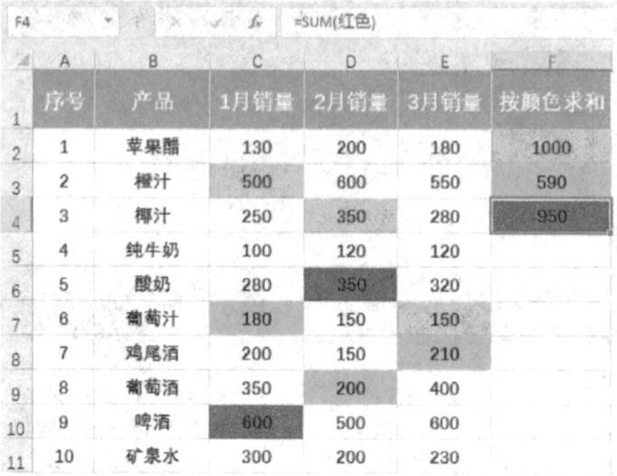

SUM函数是Excel函数中使用频次最高的函数之一，可是，你真的会用它吗？

SUM函数指的是返回某一单元格区域中数字、逻辑值及数字的文本表达式之和。SUM函数的基本功能、语法、参数定义和使用说明如下。

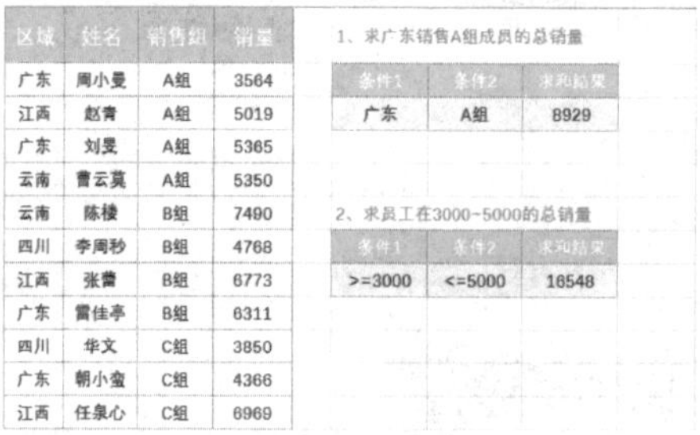

功能

创建一个数字列表的总和。

语法

SUM(number1,number2,...)

定义

number1,number2,... 为1～30个需要求和的参数。

说明

参数表中的数字、逻辑值及数字的文本表达式可被计算。

如果参数为数组或引用，只有其中的数字将被计算。

数组或引用中的空白单元格、逻辑

值、文本或错误空白单元格、逻辑值、文本将被忽略。

若参数为错误值或为不能转换成数字的文本，将会导致错误。

下面将通过实例讲解的形式，介绍SUM函数的具体应用技巧，帮助用户快速计算各类数据。

实例49 简单求和：计算产品销量表

在Excel工作表中，SUM函数最常用、最简单基础的运算方式有3种，包括常规求和、累积求和以及按颜色求和。下面对这3种运算方式进行具体介绍。

1. 常规求和

在Excel工作表中，应用SUM函数运算求和较为常用，选中单元格，输入SUM函数公式，选择要计算的单元格区域，即可得到结果，然后下拉填充公式即可批量求和，如图6-1所示。

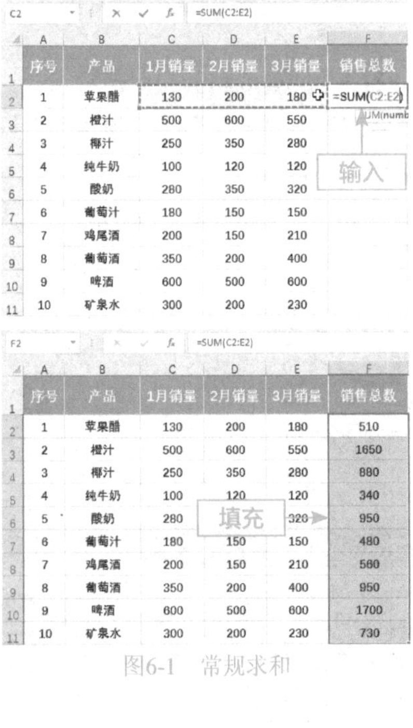

图6-1 常规求和

2. 累积求和

在Excel中，如需求每天的累积销售额、本月的累积利润等，如果一步步输入会非常麻烦，此时就可以用到SUM函数。例如，要在D2单元格得出C2单元格的值，在D3单元格得出C2+C3的值，在D4单元格得出C2+C3+C4的值，在D5单元格得出C2+C3+C4+C5的值等，那么可以在D2单元格输入公式"=SUM($C$2:C2)"，然后下拉填充公式即可，如图6-2所示。

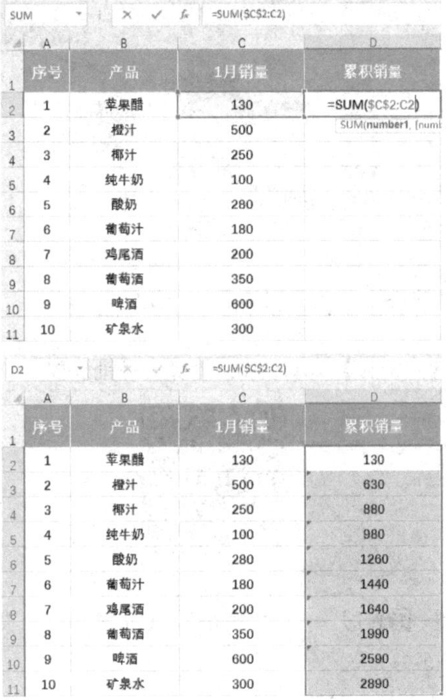

图6-2 累积求和

小贴士

在上述公式参数中，采用了绝对引用，即将需要求和的起始数据固定，这样在下拉填充公式时就不会使起始数据随之发生变化，例如下拉填充至C5单元格，求和的条件区域就在C2：C5单元格之间，返回的结果就是C2单元格至C5单元格中的所有数据累计相加的和。

3. 按颜色求和

工作中不同的数据经常通过不同颜色加以标记，有时，我们需要对这些数据进行分析，比如求和计算。如图6-3所示，这是一个产品销售额统计表，我们分别在表格中使用橙色、绿色和红色标记了一些单元格数据，此时可以通过SUM函数快速来对同一种颜色的单元格进行求和。

序号	产品	1月销量	2月销量	3月销量	按颜色求和
1	苹果醋	130	200	180	1000
2	橙汁	500	600	550	590
3	椰汁	250	350	280	950
4	纯牛奶	100	120	120	
5	酸奶	280	350	320	
6	葡萄汁	180	150	150	
7	鸡尾酒	200	150	210	
8	葡萄酒	350	200	400	
9	啤酒	600	500	600	
10	矿泉水	300	200	230	

图6-3 按颜色求和效果

下面介绍按颜色求和的具体操作方法。

【实例49】简单求和：计算产品销量表

视频文件

步骤01 打开一个产品销量表素材文件，如图6-4所示。

序号	产品	1月销量	2月销量	3月销量	按颜色求和
1	苹果醋	130	200	180	
2	橙汁	500	600	550	
3	椰汁	250	350	280	
4	纯牛奶	100	120	120	
5	酸奶	280	350	320	
6	葡萄汁	180	150	150	
7	鸡尾酒	200	150	210	
8	葡萄酒	350	200	400	
9	啤酒	600	500	600	
10	矿泉水	300	200	230	

图6-4 打开素材文件

步骤02 按【Ctrl＋F】组合键，弹出"查找

和替换"对话框后，单击"选项"按钮，如图6-5所示。

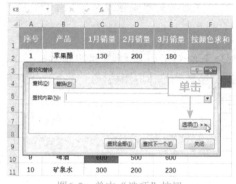

图6-5 单击"选项"按钮

步骤03 展开相应面板，单击"格式"按钮，如图6-6所示。

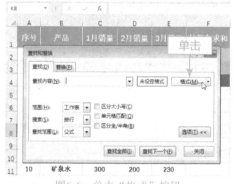

图6-6 单击"格式"按钮

步骤04 弹出"查找格式"对话框后，切换至"填充"选项卡，选择"橙色"色块，如图6-7所示。

图6-7 选择"橙色"色块

步骤05单击"确定"按钮，即可定位工作表中所有标记为橙色的单元格，如图6-8所示。

图6-8　定位所有标记为橙色的单元格

步骤06单击"查找全部"按钮后，对话框下方会显示查找结果，如图6-9所示。

图6-9　显示查找结果

步骤07选择显示有"值"的选项，如图6-10所示。

图6-10　选择有"值"的选项

步骤08在菜单栏单击"公式"菜单，在其功能区中单击"定义名称"按钮，如图6-11所示。

图6-11　单击"定义名称"按钮

小贴士

　　在本例中，F列中的单元格主要用于显示求和运算后的返回值。没有输入公式前，该列中标记颜色的单元格中是空值，为了运算时不出错，在选择选项时，不能选择F列中标记颜色的单元格数据。在显示框中选择选项时，用户可以按【Ctrl+A】组合键全选，然后按【Ctrl】键的同时，单击未显示"值"的那个选项，即可取消选择不需要的数据选项。

步骤09弹出"新建名称"对话框后，设置"名称"为"橙色"，如图6-12所示，然后单击"确定"按钮即可。

图6-12　设置"名称"为"橙色"

步骤10 然后用与上同样的方法，定位所有标记为绿色的单元格，查找出来之后选中有"值"的选项，设置定义"名称"为"绿色"，如图6-13所示。

图6-13　设置定义名称为"绿色"

小贴士

在操作过程中，需要注意以下几个细节：

（1）可以使用取色器吸取颜色确定颜色代码。

（2）这其实是一个定义名称的过程，可以用于做其他分析，求和只是一种使用方式，实际运用起来非常灵活，用户可以多扩展思路，进行应用开发。

步骤11 重复与上述同样的操作，定位所有标记为红色的单元格，查找出来之后选中有"值"的选项，设置定义"名称"为"红色"，如图6-14所示。

图6-14　设置定义名称为"红色"

步骤12 选中F2单元格，输入相应求和函数"=SUM(橙色）"，如图6-15所示。

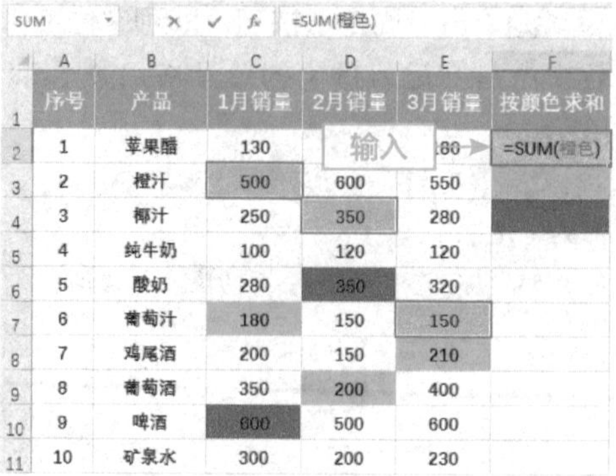

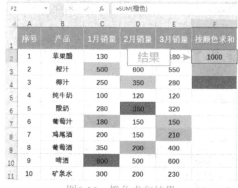

图6-15　输入求和函数

步骤13 执行操作后，按回车键结束确认，即可得到所有橙色单元格的数据求和结果，如图6-16所示。

图6-16　橙色求和结果

步骤14 选中F3单元格，输入相应求和函数"=SUM(绿色）"，如图6-17所示。

图6-17　输入求和函数

步骤15 执行操作后，按回车键结束确认，即可得到所有绿色单元格的数据求和结果，如图6-18所示。

F3		× ✓ fx	=SUM(绿色)		
	A	B	C	D	E	F

序号	产品	1月销量	2月销量	3月销量	按颜色求和
1	苹果醋	130	200	180	1000
2	橙汁	500	600	550	590
3	椰汁	250	350	280	
4	纯牛奶	100	120	120	结果
5	酸奶	280	350	320	
6	葡萄汁	180	150	150	
7	鸡尾酒	200	150	210	
8	葡萄酒	350	200	400	
9	啤酒	600	500	600	
10	矿泉水	300	200	230	

图6-18 绿色求和结果

步骤16 继续用与上同样的方法，选中F4单元格，输入相应求和函数"=SUM(红色)"，按回车键结束确认，即可得到所有红色单元格的数据求和结果，如图6-19所示。

F4		× ✓ fx	=SUM(红色)		
	A	B	C	D	E	F

序号	产品	1月销量	2月销量	3月销量	按颜色求和
1	苹果醋	130	200	180	1000
2	橙汁	500	600	550	590
3	椰汁	250	350	280	950
4	纯牛奶	100	120	120	结果
5	酸奶	280	350	320	
6	葡萄汁	180	150	150	
7	鸡尾酒	200	150	210	
8	葡萄酒	350	200	400	
9	啤酒	600	500	600	
10	矿泉水	300	200	230	

图6-19 红色求和结果

实例50 隔行求和：计算多家分公司总费用

在Excel操作中，相信很多人都会碰到需要在工作表中进行隔行求和的情况，图6-20所示为多家分公司的费用统计表。

在工作表中，有各分公司每月的费用小计、各款项三个月的合计费用以及总计费用等，面对这种情况，大部分的初学者都会先小计求和，然后在总计栏中应用SUM函数将小计一个一个相加，但这种方法只适合数据较少的情况，当小计数量较

多时，很容易将其中的数据遗漏，计算出错误的结果。

海南分公司费用项	1月	2月	3月	合计
租赁费	3530	3650	3650	10830
策划费	4580	6850	5200	16630
宣传费	5560	7860	6500	19920
其他费用	7850	8650	8000	24500
小计	21520	27010	23350	71880
广东分公司费用项	1月	2月	3月	合计
租赁费	3350	3450	3550	10350
策划费	5860	6430	7500	19790
宣传费	6350	7850	8650	22850
其他费用	4560	5890	7520	17970
小计	20120	23620	27220	70960
湖南分公司费用项	1月	2月	3月	合计
租赁费	3460	3500	3740	10700
策划费	4800	5680	6000	16480
宣传费	6500	6400	7500	20400
其他费用	5800	6500	7770	20070
小计	20560	22080	25010	67650
总计	20560	22080	25010	67650

图6-20 费用统计表

下面介绍快速隔行求出多家公司总费用的具体应用。

【实例50】隔行求和：计算多家分公司总费用

视频文件

步骤01 打开一个费用统计表素材文件，如图6-21所示。

	A	B	C	D	E
1	海南分公司费用项	1月	2月	3月	合计
2	租赁费	3530	3650	3650	
3	策划费	4580	6850	5200	
4	宣传费	5560	7860	6500	
5	其他费用	7850	8650	8000	
6	小计				
7	广东分公司费用项	1月	2月	3月	合计
8	租赁费	3350	3450	3550	
9	策划费	5860	6430	7500	
10	宣传费	6350	7850	8650	
11	其他费用	4560	5890	7520	
12	小计				
13	湖南分公司费用项	1月	2月	3月	合计
14	租赁费	3460	3500	3740	
15	策划费	4800	5680	6000	
16	宣传费	6500	6400	7500	
17	其他费用	5800	6500	7770	
18	小计				
19	总计				

图6-21 打开素材文件

步骤02 选中A1：E18单元格，在"开始"

功能区中，单击"查找和选择"下拉按钮，在弹出的下拉列表中选择"定位条件"选项，如图6-22所示。

图6-22 选择"定位条件"选项

步骤03 执行上述操作后，弹出"定位条件"对话框，选中"空值"单选按钮，如图6-23所示。

图6-23 选中"空值"单选按钮

步骤04 单击"确定"按钮，即可在工作表的所选单元格中，定位空白单元格，如图6-24所示。

步骤05 执行上述操作后，单击"自动求和"按钮，如图6-25所示。

快速求出各分公司每月款项费用小计金额，以及各款项三个月的合计金额，如图6-26所示。

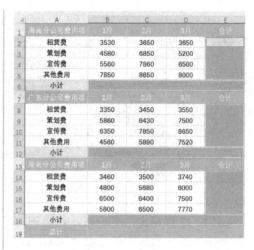

图6-24 定位空白单元格

图6-25 单击"自动求和"按钮

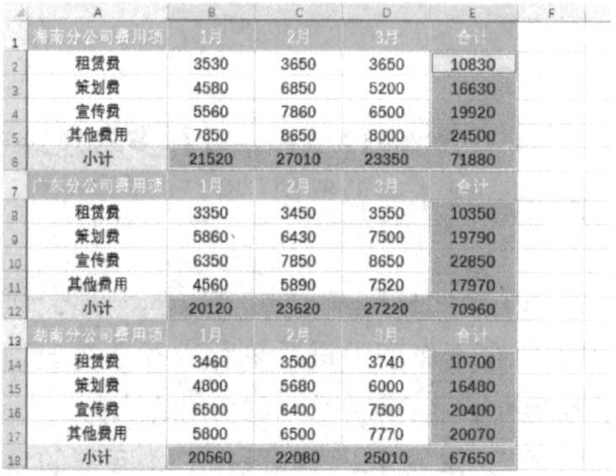

图6-26 求和结果

步骤06 选中计算后的任意一个单元格，双击即可查看运算公式，如图6-27所示。

步骤07 按【Ctrl+A】组合键，选中整个工作表，如图6-28所示。

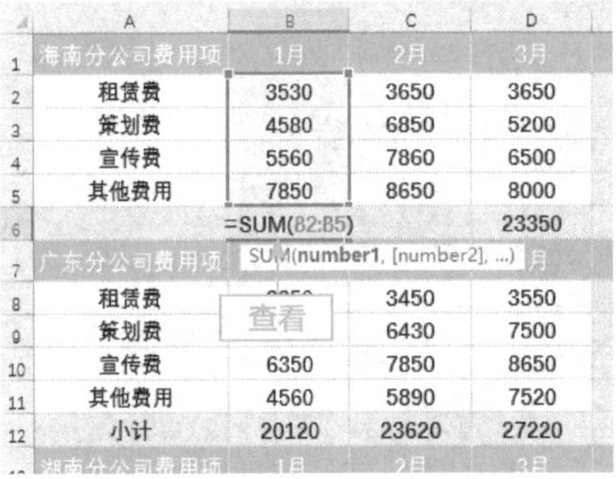

图6-27　查看运算公式

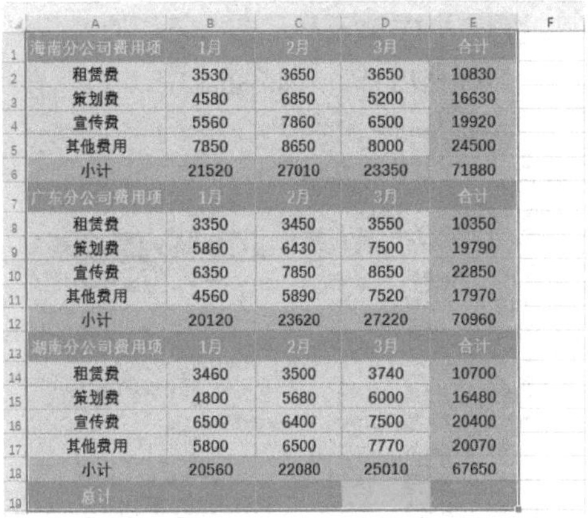

图6-28　选中工作表

步骤08 按【Alt+=】组合键即可快速求和，双击总计栏中的单元格，即可查看运算公式，如图6-29所示。

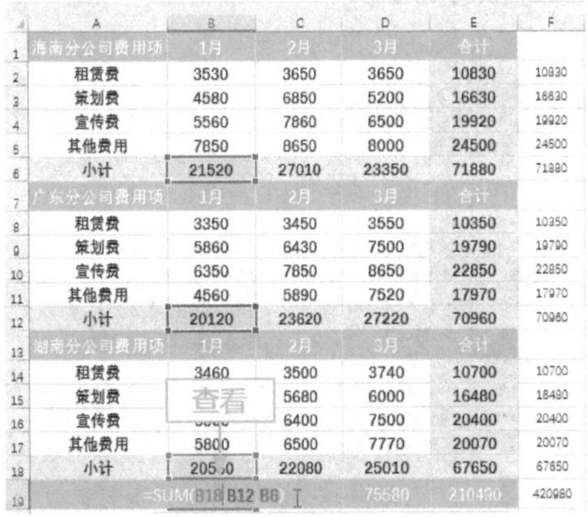

图6-29　查看运算公式

步骤09 选中F列，按【Delete】键，即可将多余的数据删除，如图6-30所示。

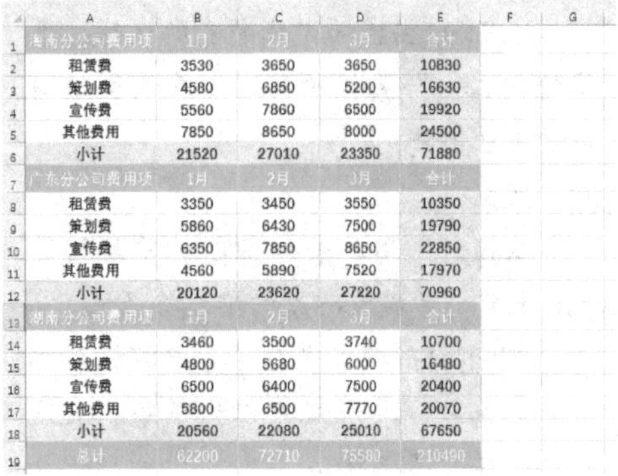

图6-30　删除多余数据

6.2 SUMIF和SUMIFS函数的应用技巧

了解Excel函数的用户应该都知道，在Excel工作表中可以应用的求和函数除了SUM之外，还有SUMIF、SUMIFS以及SUMPRODUCT等，下面介绍SUMIF和SUMIFS函数在Excel中的应用技巧。

实例51 单条件求和：计算工资表中满足条件的员工工资

通过前文学习，我们知道SUM函数可以进行一些简单、基础的求和，当我们需要进行单条件求和时，还用SUM函数吗？当然不，此时我们可以应用SUMIF函数。SUMIF函数的基本功能、语法和参数定义如下。

功能

对满足条件的单元格的数值运算求和。

语法

SUMIFS(range1,criteria1,[sum_range])

SUMIF(要找的内容所在的区域，要找的内容，与要找的内容所在的区域对应的数值区域)

定义

range1：用于条件判断的单元格区域，指定作为搜索对象的单元格区域。

criteria1：确定那些单元格将被相加求和的条件，其形式可以为数字、表达式、文本或通配符。

sum_range：需要求和的实际单元格。

通过SUMIF函数，在工作表中，我们可以根据要求的条件，计算出满足条件的值，图6-31所示为某公司部分员工的工资调查表，需调查人事部成员的总工资、工资大于或等于5000元的总工资以及除人事部以外的总工资，此时就可以应用SUMIF函数进行运算。

姓名	部门	工资	1. 求人事部成员的工资（标准用法）	
李潇	管理部	7490	条件	求和结果
林玉飞	人事部	4768	人事部	16429
周嘉其	业务部	6773		
袁立云	人事部	6311	2. 求工资大于或等于5000的总工资	
罗嘉茵	秘书办	3850	（省略第三个参数用法）	
雷琼	财务部	4366	条件	求和结果
张蕾	财务部	6969	≥5000总工资	43277
曾月	设计部	3564		
周美琴	设计部	5019	3. 计算除人事部以外的总工资	
赵英华	宣传部	5365	条件	求和结果
李标	人事部	5350	人事部	43396

图6-31　工资表

下面介绍通过SUMIF函数，计算工资表中满足条件的员工工资的具体应用。

【实例51】单条件求和：计算工资表中满足条件的员工工资

视频文件

步骤01打开一个工资表素材文件，如图6-32所示。

	A	B	C	D	E	F
1	姓名	部门	工资		1. 求人事部成员的工资（标准用法）	
2	李潇	管理部	7490		条件	求和结果
3	林玉飞	人事部	4768		人事部	
4	周嘉其	业务部	6773			
5	袁立云	人事部	6311		2. 求工资大于或等于5000的总工资	
6	罗嘉茵	秘书办	3850		（省略第三个参数用法）	
7	雷琼	财务部	4366		条件	求和结果
8	张蕾	财务部	6969		≥5000总工资	
9	曾月	设计部	3564			
10	周美琴	设计部	5019		3. 计算除人事部以外的总工资	
11	赵英华	宣传部	5365		条件	求和结果
12	李标	人事部	5350		人事部	

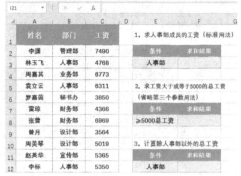

图6-32　打开素材文件

步骤02选中F3单元格，在编辑栏输入函数公式“=SUMIF()”，如图6-33所示。

	A	B	C	D	E	F
1	姓名	部门	工资		1. 求人事部成员的工资（标准用法）	
2	李潇	管理部	7490		条件	求和结果
3	林玉飞	人事部	4768		人事部	=SUMIF()
4	周嘉其	业务部	6773			
5	袁立云	人事部	6311		2. 求工资大于或等于5000的总工资	
6	罗嘉茵	秘书办	3850		（省略第三个参数用法）	
7	雷琼	财务部	4366		条件	求和结果
8	张蕾	财务部	6969		≥5000总工资	
9	曾月	设计部	3564			
10	周美琴	设计部	5019		3. 计算除人事部以外的总工资	
11	赵英华	宣传部	5365		条件	求和结果
12	李标	人事部	5350		人事部	

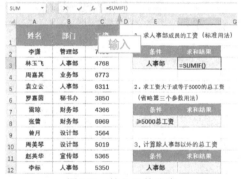

图6-33　输入函数公式

步骤03将光标移至括号内，第一个参数为条件区，这里选中“部门”所在列B列，如图6-34所示。

	A	B	C	D	E	F
1	姓名	部门	工资		1. 求人事部成员的工资（标准用法）	
2	李潇	管理部	7490		条件	求和结果
3	林玉飞	人事部	4768		人事部	=SUMIF(B:B)
4	周嘉其	业务部	6773			
5	袁立云	人事部	6311		2. 求工资大于或等于5000的总工资	
6	罗嘉茵	秘书办	3850		（省略第三个参数用法）	
7	雷琼	财务部	4366		条件	求和结果
8	张蕾	财务部	6969		≥5000总工资	
9	曾月	设计部	3564			
10	周美琴	设计部	5019		3. 计算除人事部以外的总工资	
11	赵英华	宣传部	5365		条件	求和结果
12	李标	人事部	5350		人事部	

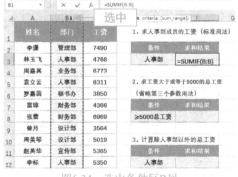

图6-34　选中条件区B列

步骤04第二个参数为条件，这里选择E3单元格，如图6-35所示。

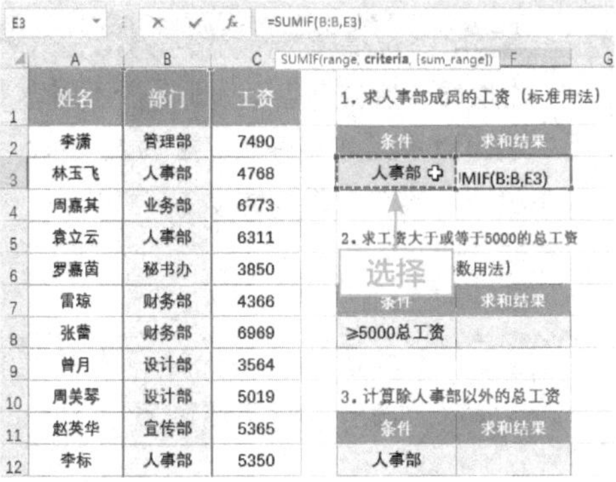

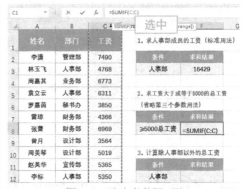

图6-35　选择条件E3单元格

步骤05 第三个参数为求和区，这里选中"工资"所在列C列，如图6-36所示。

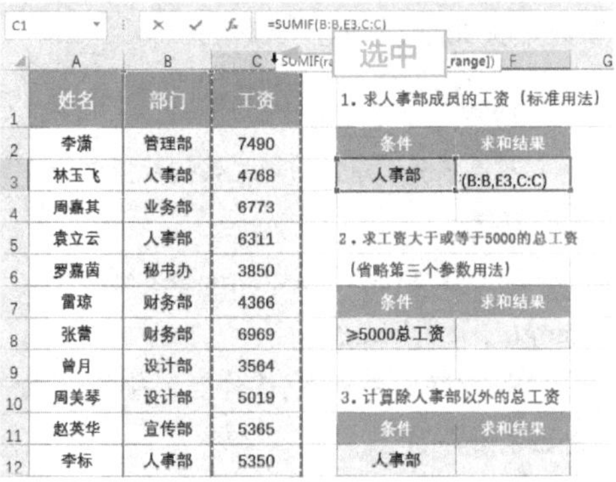

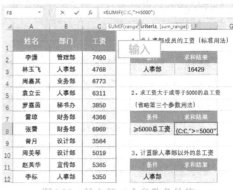

图6-36　选中求和区C列

步骤06 执行操作后，按回车键结束确认，即可计算出满足第一个条件的员工工资，即人事部成员的工资，如图6-37所示。

图6-37　计算人事部成员的工资

步骤07 选中F8单元格，然后用与上同样的方法，在编辑栏输入函数公式并选中条件区"=SUMIF(C:C,)"，如图6-38所示。

图6-38　选中条件区C列

步骤08 输入第二个参数条件值"">=5000""，如图6-39所示。

图6-39　输入第二个参数条件值

步骤09 按回车键结束确认，即可计算第二个满足条件的员工工资，即工资大于或等于5000的总工资，如图6-40所示。

图6-40　计算工资大于或等于5000的总工资

步骤10 选中F12单元格，在编辑栏输入函数公式"=SUMIF(B:B)"，然后选中第一个参数条件区所在的B列，如图6-41所示。

图6-41　选中第一个参数条件区B列

小贴士

当我们在运算时发现第一个参数条件区和第三个参数求和区一致时，可以省略第三个参数，直接输入第一个、第二个参数，即可得到运算结果。

步骤11 输入第二个参数不等于人事部，这里输入大于号、小于号，即表示不等于，然后用连接符连接F2单元格中的条件值 ""<>"&E12"，如图6-42所示。

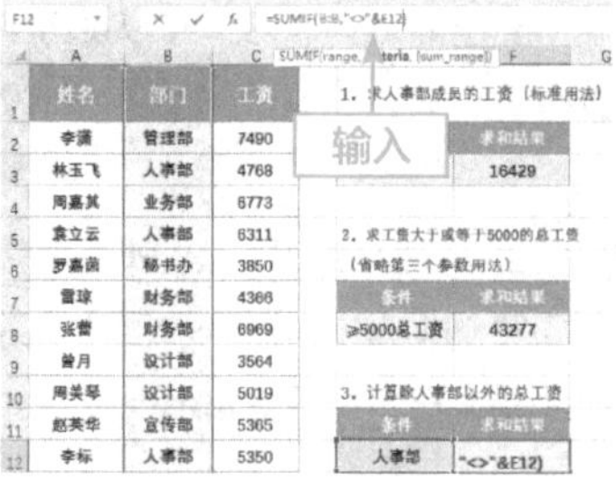

图6-42　输入第二个参数

步骤12 选中第三个参数求和区所在的C列，按回车键结束确认，即可计算第三个满足条件的员工工资，即除人事部以外的总工资，如图6-43所示。

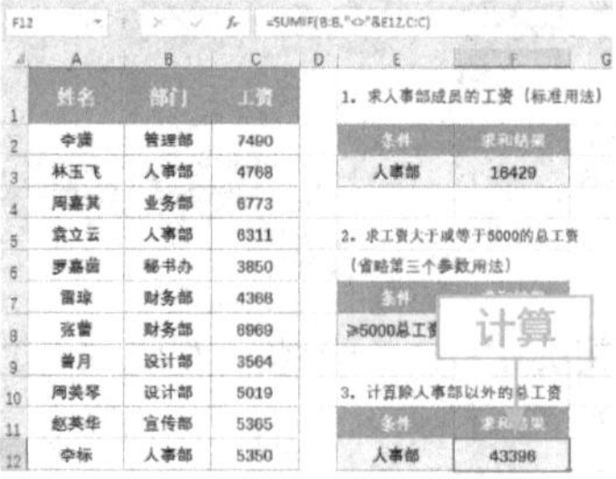

图6-43　计算人事部以外的总工资

小贴士

这里输入条件参数不等于人事部时，用户也可以不用连接符，直接输入 ""<>人事部""，两者计算的结果是一样的。

实例52 多条件求和：计算不同区域员工的业绩销量

在Excel工作表中，单条件求和用SUMIF函数，多条件求和就要用SUMIFS函数了。SUMIFS函数的基本功能、语法和参数定义如下。

功能

对满足多个条件的单元格的数值求和。

语法

SUMIFS(sum_range,range1,criteria1,[range2,criteria2]......)

SUMIFS(求和区,条件区1,条件1,[条件区2,条件2]......)

定义

sum_range：需要求和的区域。

range：限定条件所在的区域。

criteria：限定条件。

通过SUMIFS函数，在工作表中，我们可以计算出满足多个条件的总和，图6-44所示为某公司部分员工在不同区域的业绩销量表，现需统计出广东销售A组成员的总销量以及所有员工销量在3000～5000区间的总销量，

区域	姓名	销售组	销量
广东	周小曼	A组	3564
江西	赵青	A组	5019
广东	刘雯	A组	5365
云南	曹云英	A组	5350
云南	陈楼	A组	7490
四川	李周秒	B组	4768
江西	张曹	B组	6773
广东	雷佳亭	B组	8311
四川	华文	C组	3850
广东	朝小雪	C组	4366
江西	任泉心	C组	6969

1. 求广东销售A组成员的总销量

条件1	条件2	求和结果
广东	A组	8929

2. 求员工在3000~5000的总销量

条件1	条件2	求和结果
>=3000	<=5000	16548

图6-44　业绩销量表

这里第一个问题的满足条件为广东和销售A组，第二个问题需要满足的条件为大于或等于3000销量值和小于或等于5000销量值，此时我们就可以应用SUMIFS函数来进行多条件运算求和。

下面介绍通过SUMIFS函数，在业绩销量表中计算不同区域员工业绩销量的具体应用操作技巧。

> **【实例52】多条件求和：计算不同区域员工的业绩销量**
>
>
> 视频文件

步骤01 打开一个业绩销量表素材文件，如图6-45所示。

	A	B	C	D	E	F	G	H
	区域	姓名	销售组	销量		1. 求广东销售A组成员的总销量		
1								
2	广东	周小曼	A组	3564		条件1	条件2	求和结果
3	江西	赵青	A组	5019		广东	A组	
4	广东	刘昊	A组	5365				
5	云南	曹云莫	A组	5350				
6	云南	陈楼	B组	7490		2. 求员工在3000~5000的总销量		
7	四川	李周秒	B组	4768		条件1	条件2	求和结果
8	江西	张誉	B组	6773		>=3000	<=5000	
9	广东	雷佳亭	B组	6311				
10	四川	华文	C组	3850				
11	广东	朝小蛮	C组	4366				
12	江西	任泉心	C组	6969				

图6-45　打开素材文件

步骤02 选中H3单元格，在编辑栏输入函数公式"=SUMIFS()"，如图6-46所示。

图6-46　输入函数公式

步骤03 将光标移至括号内，第一个参数为求和区，这里在工作表内选中"销量"所在列D列，如图6-47所示。

图6-47　选中"销量"所在列D列

步骤04 第二个参数为条件区1，这里选中"区域"所在列A列，如图6-48所示。

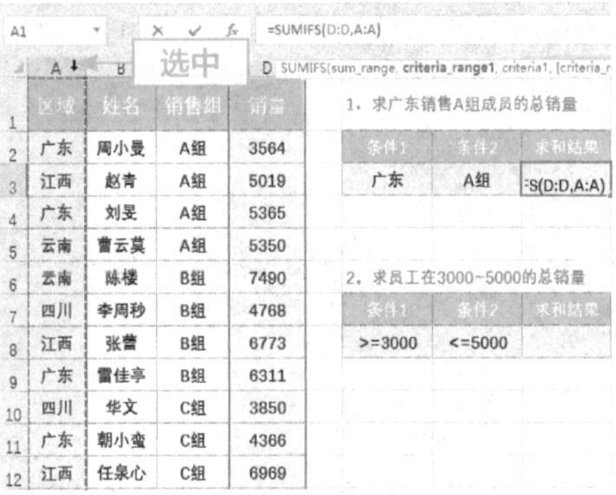

图6-48　选中"区域"所在列A列

步骤05 第三个参数为条件1，这里选中F3单元格，如图6-49所示。

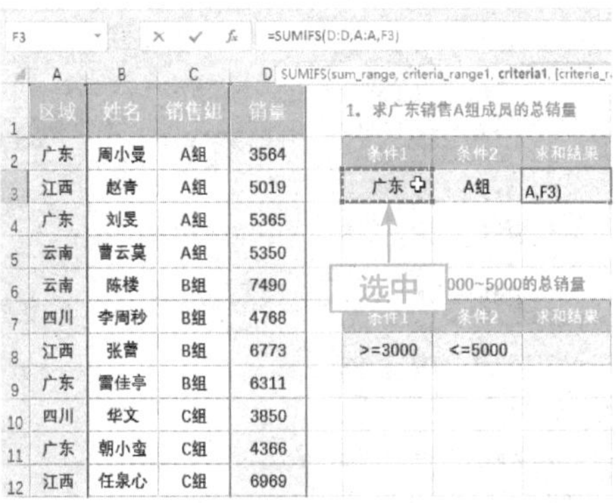

图6-49　选中F3单元格

步骤06第四个参数为条件区2，这里选中"销售组"所在列C列，如图6-50所示。

图6-50 选中"销售组"所在列C列

步骤07第五个参数为条件2，这里选中G3单元格，如图6-51所示。

图6-51 选中G3单元格

步骤08执行操作后，按回车键结束确认，即可计算广东销售A组成员的总销量，如图6-52所示。

图6-52 计算广东销售A组成员的总销量

小贴士

在操作过程中，需要注意以下几个细节：

（1）公式中条件区后方的参数紧跟相对应的限定条件。

（2）条件组1跟条件组2的先后输入顺序并不固定，用户可以先输入条件组2，再输入条件组1，返回的运算结果都是一样的。

步骤09用与上同样的方法，选中H8单元格，在编辑栏输入公式"=SUMIFS(D:D,D:D,F8,D:D,G8)"，如图6-53所示。

图6-53 输入公式

步骤10执行操作后，按回车键结束确认，即可计算所有员工销量在3000~5000区间的总销量，如图6-54所示。

图6-54 计算员工销量在3000~5000区间的总销量

在Excel中，逻辑函数包括IF函数、AND函数、OR函数以及NOT函数，这些函数可以用来判定设定条件的真假。当条件成立时，返回逻辑值为TRUE，表示结果为真；当条件不成立时，则返回逻辑值为FALSE，表示结果为假。如果在单元格或公式中输入TRUE，Excel会自动将它解释成逻辑值TRUE，输入FALSE亦然。本章主要讲解如何通过IF函数进行智能判断与数据预测。

姓名	销售目标	销售业绩	超出业绩百分比	是否完成	提成点
刘烨	200	220	10.0%	完成	15%
张力	150	135	-10.0%	未完成	0%
程园	100	80	-20.0%	未完成	0%
赵云	200	250	25.0%	完成	20%
李青	220	300	36.4%	完成	30%
罗瑞	250	300	20.0%	完成	20%

序号	姓名	生日时间	事件提醒
1	肖明	1月10日	01月10日00:00肖明的生日，开始筹备生日宴会吧！
2	萧红	1月12日	01月12日00:00萧红的生日，开始筹备生日宴会吧！
3	周杰	1月14日	01月14日00:00周杰的生日，开始筹备生日宴会吧！
4	张岚	9月8日	
5	金情情	11月6日	

7.1 IF函数：智能判断，业务员销售任务完成度

在Excel中，IF函数可以根据限定的条件对公式或数值进行逻辑运算，判断条件是否成立，然后返回相应的逻辑值。IF函数的基本功能、语法和参数定义如下。

功能

根据特定条件返回不同的结果。

语法

IF(logical_test,[value_if_true],[value_if_false])

定义

logical_test：必需。计算结果可能为TRUE或FALSE的任意值或表达式。

value_if_true：可选。logical_test参数的计算结果为TRUE时所要返回的值。

value_if_false：可选。logical_test参数的计算结果为FALSE时所要返回的值。

实例53 判断销售业绩是否完成

IF函数在Excel中，是比较常用的一个函数，可以进行组合混用，也可以单独应用。在Excel工作表中，通过IF函数，可以判断业务员的销售任务是否完成。如图7-1所示，在表中有不同的业务员，每个业务员需要销售的目标数量也各不相同，通过IF函数设定判断条件，根据业绩百分比判定业务员是否完成各自的销售目标。

姓名	销售目标	销售业绩	超出业绩百分比	是否完成
刘烨	200	220	10.0%	完成
张力	150	135	-10.0%	未完成
程园	100	80	-20.0%	未完成
赵云	200	250	25.0%	完成
李青	220	300	36.4%	完成
罗瑞	250	300	20.0%	完成

图7-1 判断销售业绩是否完成

下面通过实例讲解的方式，介绍在Excel中运用IF函数判断业务员销售业绩是否完成的具体应用。

【实例53】判断销售业绩是否完成

步骤01打开一个销售业绩表素材文件，如图7-2所示。

图7-2　打开素材文件

步骤02选中E2单元格，在编辑栏输入函数公式"=IF()"，然后将光标移至括号内，如图7-3所示。

图7-3　输入函数公式

步骤03第一个参数为判断条件，这里输入"C2>=B2"，判断销售业绩大于销售目标，如图7-4所示。

步骤04如果判断条件成立，则返回逻辑值为"完成"，这里输入第二个参数"完成"，如图7-5所示。

图7-4　输入判断条件

图7-5　输入第二个参数

步骤05如果判断条件不成立，则返回逻辑值为"未完成"，这里输入第三个参数"未完成"，如图7-6所示。

图7-6　输入第三个参数

步骤06执行操作后，按回车键结束确认，双击单元格右下角，即可批量填充公式，判断各业务员销售业绩是否完成，如图7-7所示。

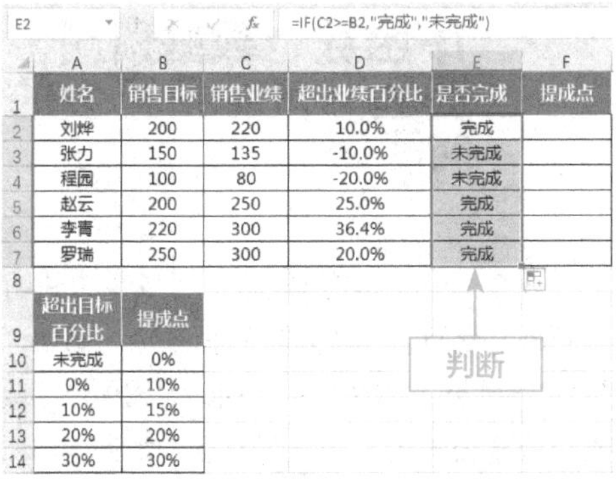

图7-7 判断各业务员销售业绩是否完成

实例54 计算销售业绩的提成点

在上一个例子中，通过IF函数，判断出了每个业务员销售业绩的完成状况，这是IF函数最基础的用法。下面将在上一例的基础上进行延伸，通过IF函数的嵌套方式，计算出每个业务员销售业绩的提成点，效果如图7-8所示。

图7-8 计算销售业绩的提成点

下面介绍运用IF函数嵌套方式计算销售业绩的提成点的具体应用。

【实例54】计算销售业绩的提成点

视频文件

步骤01 选中F2单元格，在编辑栏输入函数公式"=IF()"，然后将光标移至括号内，如图7-9所示。

步骤02 根据工作表下方的提成点标准表，输入第一组判断条件"C2<B2,0"，判定目标未完成，提成点为0，如图7-10所示。

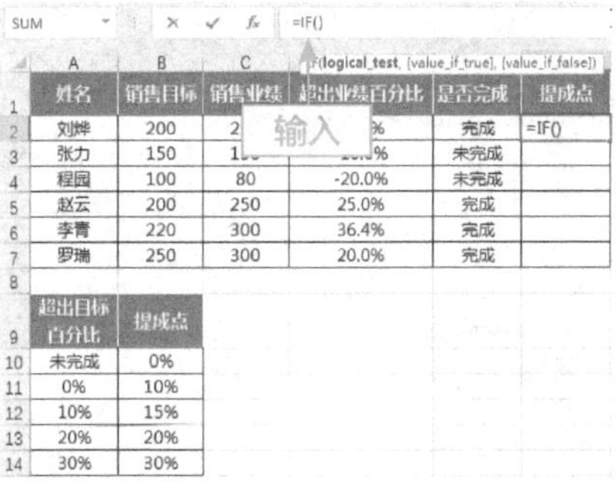

图7-9 输入函数公式

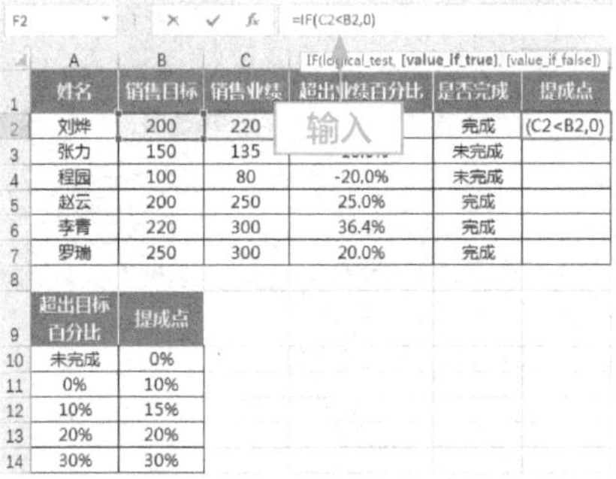

图7-10 输入第一组判定条件

步骤03 输入一组嵌套函数公式"IF(D2<0.1,0.1)"，判断业绩没有达到10%，提成点为10%，如图7-11所示。

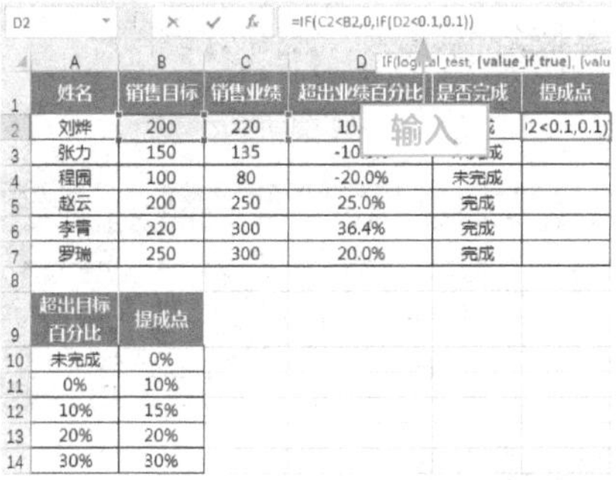

图7-11 嵌套一组IF函数公式

步骤04 如果达到了10%的业绩，继续嵌套一组IF函数公式"IF(D2<0.2,0.15)"，判断业绩没有达到20%，提成点为15%，如图7-12所示。

步骤05 如果达到了20%的业绩，再嵌套一组IF函数公式"IF(D2<0.3,0.2,0.3)"，判断业绩没有达到30%，提成点为20%，如果达到了，提成点为30%，如图7-13所示。

姓名	销售目标	销售业绩	超出业绩百分比	是否完成	提成点
刘烨	200	220	10.0%		
张力	150	135	-10.0%	未完成	
程园	100	80	-20.0%	未完成	
赵云	200	250	25.0%	完成	
李菁	220	300	36.4%	完成	
罗瑞	250	300	20.0%	完成	

超出目标百分比	提成点
未完成	0%
0%	10%
10%	15%
20%	20%
30%	30%

图7-12　继续嵌套一组IF函数公式

=IF(C2<B2,0,IF(D2<0.1,0.1,IF(D2<0.2,0.15,IF(D2<0.3,0.2,0.3))))

超出业绩百分比	是否完成	提成点
10.0%	完成	
-10.0%	未完成	
-20.0%	未完成	
25.0%	完成	
36.4%	完成	
20.0%	完成	

图7-13　再嵌套一组IF函数公式

步骤06 按回车键结束确认，双击单元格右下角，即可批量填充公式，计算每个业务员销售业绩的提成点，如图7-14所示。

姓名	销售目标	销售业绩	超出业绩百分比	是否完成	提成点
刘烨	200	220	10.0%	完成	15%
张力	150	135	-10.0%	未完成	0%
程园	100	80	-20.0%	未完成	0%
赵云	200	250	25.0%	完成	20%
李菁	220	300	36.4%	完成	30%
罗瑞	250	300	20.0%	完成	20%

超出目标百分比	提成点
未完成	0%
0%	10%
10%	15%
20%	20%
30%	30%

图7-14　计算每个业务员销售业绩的提成点

小贴士

在本例中，完整公式为"=IF(C2<B2,0,IF(D2<0.1,0.1,IF(D2<0.2,0.15,IF(D2<0.3,0.2,0.3)))))"。

7.2 IF函数：数据预测，提醒准备生日宴会的时间表

在Excel中，IF函数除了可以用来进行判断外，还可以用于进行数据预测。例如，预测公司员工的生日，提前一周提醒行政人员筹备公司员工的生日宴会吧，如图7-15所示；除此之外，还可以用来制作办公行程记录表，预测下一个行程的时间，提前准备资料，以免临场时手忙脚乱等。

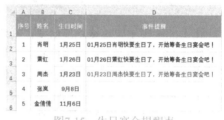

序号	姓名	生日时间	事件提醒
1	肖明	1月25日	01月25日肖明快要生日了，开始筹备生日宴会吧！
2	萧红	1月26日	01月26日萧红快要生日了，开始筹备生日宴会吧！
3	周杰	1月23日	01月23日周杰快要生日了，开始筹备生日宴会吧！
4	张岚	9月8日	
5	金倩倩	11月6日	

图7-15　生日宴会提醒表

下面介绍应用IF函数在Excel中制作数据预测工作表的几个步骤。

实例55 输入数据，记录生日的时间

在应用IF函数进行数据预测前，我们需要新建一个生日宴会提醒表，然后将员工的姓名、生日时间等数据先记录在工作表中，如图7-16所示；然后选中工作表，设置字体大小、对齐方式、字体颜色、背景填充颜色、边框、行高列宽以及单元格格式等属性，如图7-17所示，对表格进行美化。

序号	姓名	生日时间	事件提醒
1	肖明	1月25日	
2	萧红	1月26日	
3	周杰	1月23日	
4	张岚	9月8日	
5	金倩倩	11月6日	

图7-16　新建一个工作表

图7-17　美化表格

实例56　建立提醒区，实现贴心提醒

工作表建立完成后输入相关数据，即可进行下一步操作，即建立提醒区，提前一周提醒用户筹备生日宴会。下面介绍建立提醒区，制作"事件提醒"的具体应用。

【实例56】建立提醒区，实现贴心提醒

视频文件

步骤01选中D2单元格，在编辑栏输入函数公式"=IF()"，然后将光标移至括号内，如图7-18所示。

步骤02输入第一个参数"(C2−TODAY()<7)*(C2−TODAY()>0)"，判断生日日期比当前日期小于7、大于0，提前7天提醒，如图7-19所示。

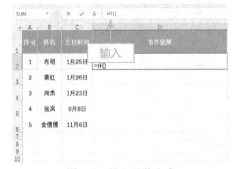

图7-18　输入函数公式

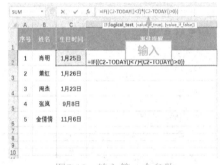

图7-19　输入第一个参数

步骤03输入第二个参数"TEXT(C2,"mm月dd日")&""&B2&"快要生日了，开始筹备生日宴会吧！",""""，如图7-20所示，通过TEXT函数可以将数值按设定的格式显示。

步骤04执行上述操作后，按回车键结束确认，双击单元格右下角，填充公式，即可查看效果，如图7-21所示。

图7-20　输入第二个参数

图7-21　查看效果

TEXT函数的基本功能、语法和参数定义如下。

功能

根据指定的数字格式，将数值转换为相应格式文本。

语法

TEXT(value,format_text)

定义

value：数字、运算结果是数字值的公式或引用包含数字值的单元格。

format_text：指定显示的数字格式。可在"设置单元格格式"对话框中的"自定义"选项卡中复制格式代码。

实例57　添加条件格式，让效果更醒目

提醒区建立完成后，用户还可以通过添加条件格式，使提醒区中的信息高亮显示，使重要信息更加醒目，下面介绍具体应用。

【实例57】添加条件格式，让效果更醒目

视频文件

步骤01 选中D2单元格，在编辑栏复制公式内的第一个参数"(C2－TODAY()<7)*(C2－

TODAY()>0)"，如图7-22所示。

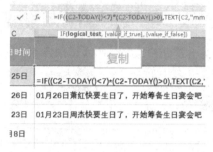

图7-22　复制第一个参数

步骤02 按回车键，选中D2：D6单元格，在功能区单击"条件格式"|"新建规则"选项，如图7-23所示。

图7-23　单击相应选项

弹出"新建格式规则"对话框，如图7-24所示。

图7-24　弹出"新建格式规则"对话框

步骤03 在"选择规则类型"选项区中，选择"使用公式确定要设置格式的单元格"选项，如图7-25所示。

图7-25 选择相应选项

步骤04在下方"为符合此公式的值设置格式"文本框中，按【Ctrl+V】组合键，粘贴公式"=(C2－TODAY()<7)*(C2－TODAY()>0)"，如图7-26所示。

图7-26 粘贴公式

步骤05将公式中的"7"修改为"3"，如图7-27所示。

图7-27 修改公式

步骤06单击下方的"格式"按钮，弹出"设置单元格格式"对话框，如图7-28所示。

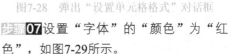

图7-28 弹出"设置单元格格式"对话框

步骤07设置"字体"的"颜色"为"红色"，如图7-29所示。

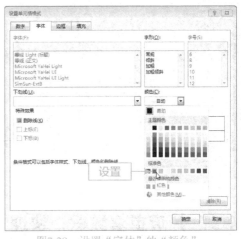

图7-29 设置"字体"的"颜色"

步骤08单击对话框底部的"确定"按钮，直至返回工作表，当时间只有3天时，单元格中的信息将高亮显示，如图7-30所示。

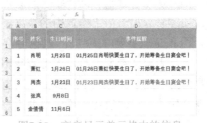

图7-30 高亮显示单元格中的信息

　　在Excel工作表中，我们经常需要查找、筛选一些数据信息，此时可以应用Excel中的一些查找函数，快速查找、筛选出我们需要的数据信息。本章将重点介绍LOOKUP函数、VLOOKUP函数以及MATCH函数的具体应用技巧，帮助用户在工作表中实现逆向查找、多条件查找、模糊匹配、一对多条件查找以及定位查找等操作。

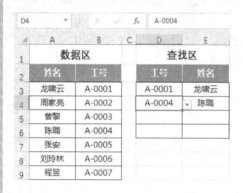

8.1 筛查重复数据，快速找出重复值

　　在工作表中，筛查重复数据时，很多人都习惯人工查找，这样很伤眼睛，看久了还容易近视。当工作表中的数据不多时，用人工查找确实很快，但也容易看漏，而且当数据量很多时，人工查找不仅容易出错，且效率低下。在Excel中，有一个非常快捷方便的技巧，可以帮助用户快速筛查重复数据，大大提高办公效率。

　　下面介绍在Excel中快速筛查重复数据，找出重复值的操作技巧。

8.1 筛查重复数据，快速找出重复值

视频文件

步骤01 打开一个水果上架表素材文件，如图8-1所示。

步骤02 在工作表中，选中需要筛查重复数据的区域A3：C10单元格，如图8-2所示。

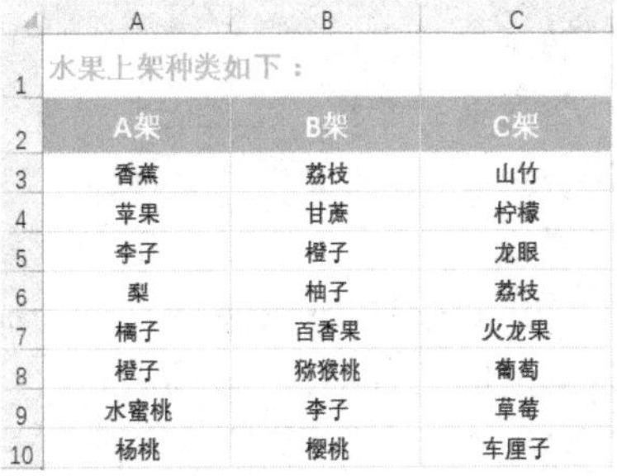

图8-1　打开素材文件

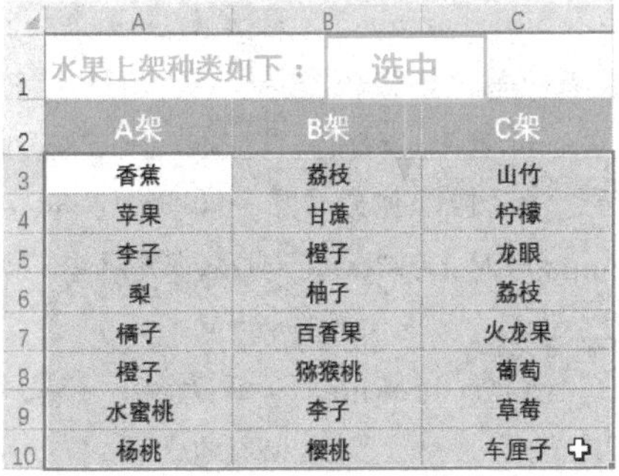

图8-2　选中A3：C10单元格

步骤03 在"开始"功能区中，单击"条件格式"|"突出显示单元格规则"|"重复值"选项，如图8-3所示。

图8-3　单击"重复值"选项

步骤04 执行操作后，弹出"重复值"对话框，如图8-4所示。

图8-4　弹出"重复值"对话框

步骤05 单击"设置为"下拉按钮，在弹出的下拉列表中选择"绿填充色深绿色文本"选项，如图8-5所示。

图8-5　选择相应选项

步骤06 执行操作后，单击"确定"按钮，即可在所选区域内快速找出重复值并标记，效果如图8-6所示。

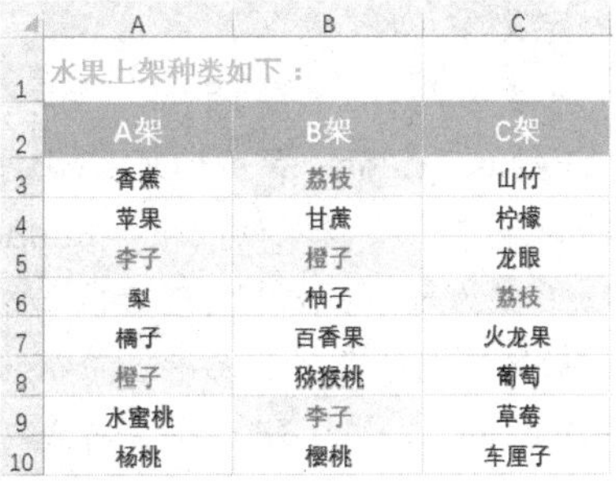

图8-6　查看效果

8.2　查找函数的应用技巧

在Excel中，LOOKUP函数、VLOOKUP函数以及MATCH函数的功能十分强大，可以帮助用户查找、匹配、定位需要的数据信息，当用户学会了最基础的应用技巧，即可在此基础上组合其他函数混合应用，下面介绍这3个函数具体的应用技巧。

1. LOOKUP函数

LOOKUP函数在Excel中有两种应用形式，一种是向量形式，另一种是数组形式。LOOKUP的基本功能、语法和参数定义如下。

功能

向量形式：搜索单行或单列区域指定的数据，返回第二个单行或单列区域中同一个位置的数据。

数组形式：搜索在第一列或第一行中指定的数据，返回最后一行或最后一列中同一个位置的数据。

语法

向量形式：LOOKUP(lookup_value, lookup_vector,result_vector)

数组形式：LOOKUP(lookup_value,array)

定义

向量形式：

lookup_value：函数LOOKUP在第一个向量中所要查找的数值。lookup_value可以为数字、文本、逻辑值或包含数值的名称或引用。

lookup_vector：只包含一行或一列的区域。lookup_vector的数值可以为文本、数字或逻辑值。

数组形式：

lookup_value：函数LOOKUP在数组中所要查找的数值。lookup_value可以为数字、文本、逻辑值或包含数值的名称或引用。如果函数LOOKUP找不到lookup_value，则使用数组中小于或等于lookup_value的最大数值。

array：包含文本、数字或逻辑值的单元格区域，它的值用于与lookup_value进行比较。

2. VLOOKUP函数

VLOOKUP函数在Excel中主要按照垂直方向搜查区域。VLOOKUP的基本功能、语法、参数定义和使用说明如下。

功能

按列纵向查找所需搜查列相对应的结果。

语法

VLOOKUP(lookup_value,table_array,col_index_num,range_lookup)

定义

lookup_value：代表需要查找的数值。

table_array：代表需要在其中查找数据的单元格区域。

col_index_num：在table_array区域中待返回的匹配值的列序号（当Col_index_num为2时，返回table_array第2列中的数值，为3时，返回第3列的值……）。

range_lookup：一逻辑值，如果为TRUE或省略，则返回近似匹配值，也就是说，如果找不到精确匹配值，则返回小于lookup_value的最大数值；如果为FALSE，则返回精确匹配值，如果找不到，则返回错误值#N/A。

说明

按照垂直方向搜索table_array的首列，搜索出满足指定lookup_value的值，或者搜索出小于搜索值的最大值。

返回值为与查找到的单元格同行的，指定的col_index_num (列序号)右移的单元格的值。即指定搜索条件，设定搜索区域，向右设定至某列。结果为找出在搜索区域中与条件相同的数据再向右移动N行后(同一行)找出相应结果。

> **小贴士**
>
> 这里需要注意以下几个细节：
>
> （1）lookup_value参数必须在table_array区域的首列中。

（2）如果忽略range_lookup参数，则table_array的首列必须进行排序。

（3）在此函数的向导中，有关range_lookup参数的用法是错误的。

3. MATCH函数

在Excel中，MATCH函数是比较常用的查找函数之一，通过MATCH函数可以进行数据位置定位、查找数据、检验输入的数值等。MATCH的基本功能、语法、参数定义和使用说明如下。

功能

在指定区域搜索指定项，返回该项在该区域中的相对位置。

语法

MATCH(lookup_value,lookup_array,match_type)

定义

lookup_value：表示需要在数据表中查找的数值。

lookup_array：必需。表示要搜索的单元格区域。

match_type：表示查找方式的值（−1、0或1）。

说明

如果match_type为−1，查找大于或等于lookup_value的最小数值，Lookup_array必须按降序排列。

如果match_type为1，查找小于或等于lookup_value的最大数值，Lookup_array必须按升序排列。

如果match_type为0，查找等于lookup_value的第一个数值，lookup_array可以按任何顺序排列；如果省略match_type，则默认为1。

lookup_array只能为一列或一行。

📹 **实例58**　**LOOKUP函数：逆向查询，根据工号查找员工姓名**

在Excel中，LOOKUP函数绝对可以称得上是一个万能查找函数，我们可以通过一个LOOKUP函数的套用公式"LOOKUP(1,0/(条件数组)，结果数组)，并结合数据验证功能，在工作表中根据员工工号逆向查找到员工姓名，如图8-7所示。

图8-7　逆向查找效果

下面介绍应用LOOKUP函数，根据工号逆向查找员工姓名的具体应用。

【实例58】LOOKUP函数：逆向查询，根据工号查找员工姓名

视频文件

步骤01打开一个逆向查找表素材文件，如图8-8所示。

图8-8 打开素材文件

步骤02在工作表中，选中D3：D6单元格，如图8-9所示。

图8-9 选中D3：D6单元格

步骤03在菜单栏中，单击"数据"菜单，如图8-10所示。

图8-10 单击"数据"菜单

步骤04在功能区中，单击"数据验证"图标按钮，如图8-11所示。

图8-11 单击"数据验证"图标按钮

步骤05弹出"数据验证"对话框，如图8-12所示。

图8-12 弹出"数据验证"对话框

步骤06单击"允许"下方的下拉按钮，在弹出的下拉列表中选择"序列"选项，如图8-13所示。

图8-13 选择"序列"选项

步骤07在下方"来源"文本框中单击鼠标左键，然后在工作表中选中B3：B9单元格，即可引用所选单元格，如图8-14所示。

图8-14 引用B3：B9单元格

步骤08单击"确定"按钮，即可制作联动效果，选中D3单元格，在其右侧会出现一个下拉按钮，如图8-15所示。

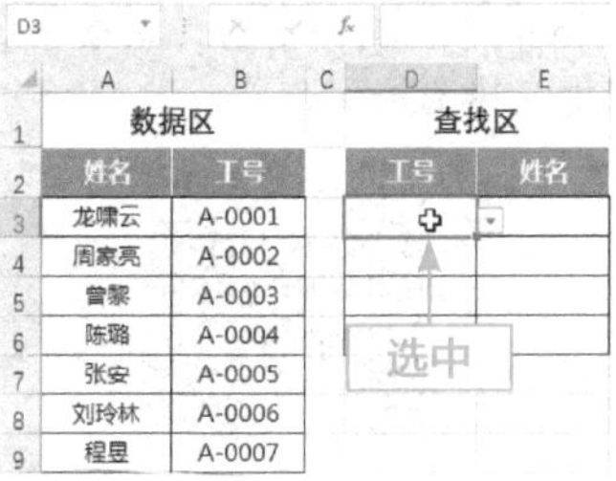

图8-15　D3单元格右侧的下拉按钮

步骤09 单击下拉按钮，在弹出的下拉列表中选择工号A-0001，如图8-16所示。

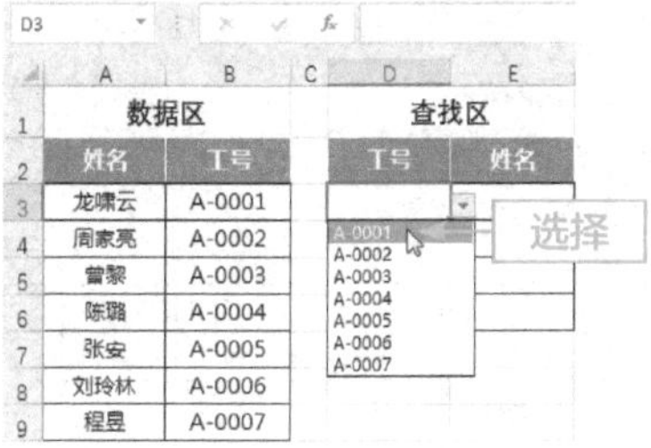

图8-16　选择工号A-0001

步骤10 选中E3单元格，在编辑栏输入函数公式"=LOOKUP(1,0/())"，如图8-17所示。

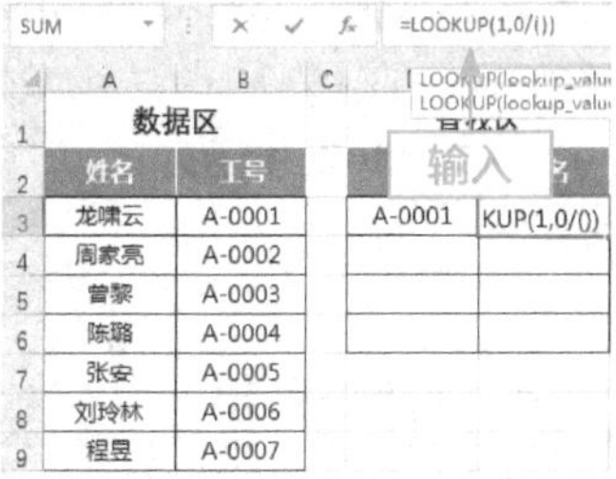

图8-17　输入函数公式

步骤11 将光标移至内括号中，然后输入条件数组参数，这里选中B3：B9单元格，并按【F4】键绝对引用，然后引用D3单元格，输入"=D3"，如图8-18所示。

图8-18　输入条件数组参数

步骤12 输入结果数组，这里选中A3：A9单元格，并按【F4】键绝对引用，如图8-19所示。

图8-19　输入结果数组参数

步骤13 执行操作后，按回车键结束确认，即可得到计算结果，如图8-20所示。

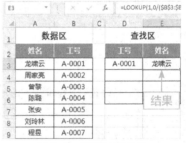

图8-20　得到计算结果

步骤14 单击D4单元格右侧的下拉按钮，在弹出的下拉列表中，选择一个工号，如图8-21所示。

图8-21　选择一个工号

步骤15 执行操作后，即可在单元格中显示选中的工号，如图8-22所示。

步骤16 选中E3单元格，下拉拖曳填充公式，即可在指定区域内根据工号查询姓名，如图8-23所示。

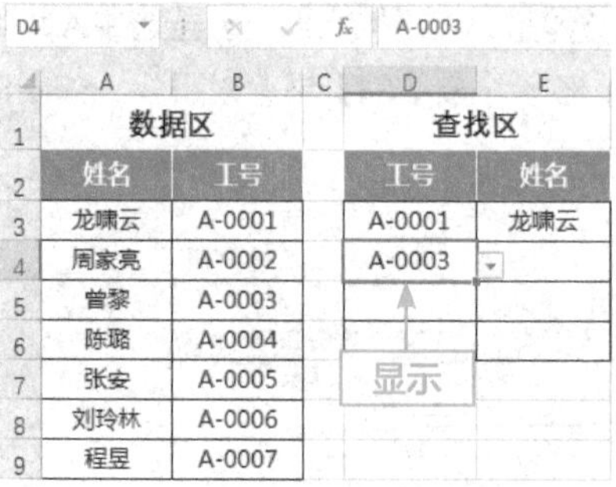

图8-22　显示工号

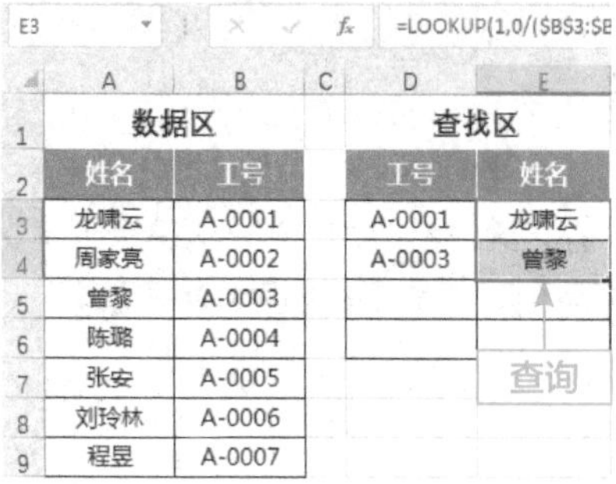

图8-23　根据工号查询姓名

实例59　LOOKUP函数：多条件查找，查询车型和排量的库存量

上一例介绍了LOOKUP万能查找函数公式在逆向查找中的应用，其中所套用的LOOKUP函数公式，在多条件查找中也可以应用，效果如图8-24所示。

数据区			查找区		
车型	排量	库存	车型	排量	库存
A6	1.8T	8	A7	4.0T	5
Q5	2.0T	10	A8	1.8T	9
A7	3.0T	9	Q5	1.8T	3
A8	1.8T	9	A6	2.0T	10
A6	2.0T	10			
Q5	1.8T	3			
A7	4.0T	5			
A8	2.4T	3			

图8-24　多条件查找效果

下面介绍在Excel工作表中，通过LOOKUP函数查找同时满足车型和排量条件的库存数量的具体应用。

【实例59】LOOKUP函数：多条件查找，查询车型和排量的库存量

步骤01 打开一个多条件查找表素材文件，如图8-25所示。

图8-25　打开素材文件

步骤02 在工作表中，选中G3单元格，在编辑栏输入套用函数公式"=LOOKUP（1，0/()）"，如图8-26所示。

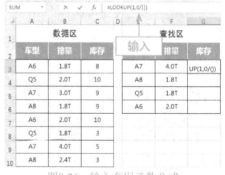

图8-26　输入套用函数公式

步骤03 将光标移至内括号中，输入一组相乘的括号"()*()"，如图8-27所示。

步骤04 将光标移至前一个括号内，引用第一个单元格条件数组，这里选中"车型"条件所在区域A3：A10单元格，按【F4】键绝对引用，然后引用E3单元格，公式表示为"$A$3:$A$10=E3"，如图8-28所示。

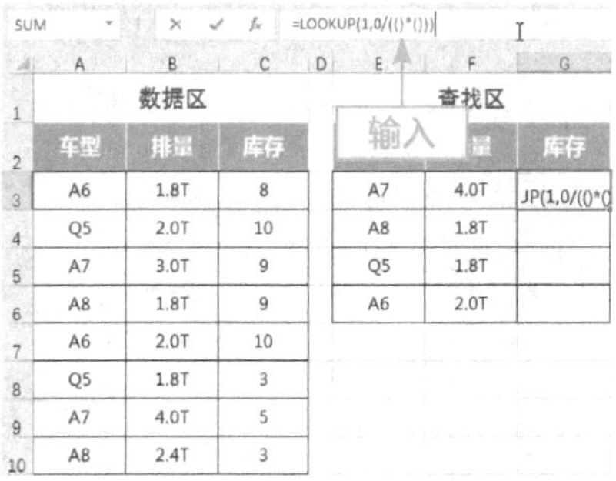

	数据区			查找区	
车型	排量	库存	车型	量	库存

图8-27 输入一组相乘的括号

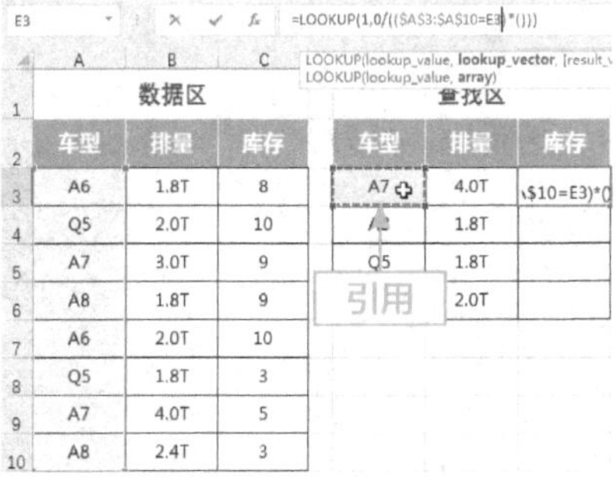

图8-28 引用第一个单元格条件数组

小贴士

当用户在输入公式时，同类数组参数中同时设定两个条件时，可以用"与"即"*"符号（符号*在公式中表示"乘"）将两个条件相连。

步骤05用同样的方法，在后面的括号内，绝对引用第二个单元格条件数组，即"排量"条件所在区域B3：B10单元格，并引用F3单元格，公式表示为"$B$3:$B$10=F3"，如图8-29所示。

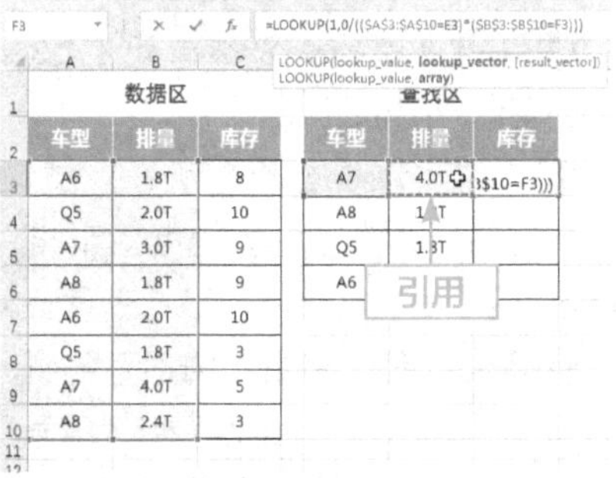

图8-29 绝对引用第二个单元格条件数组

步骤06执行上述操作后，输入结果数组参数，这里绝对引用"库存"所在区域C3：C10单元格，如图8-30所示。

图8-30 输入结果数组参数

小贴士

用户在输入结果数组参数时，需要注意输入的位置在最后一个右括号的前面。

步骤07执行操作后，按回车键结束确认，即可查看计算结果，如图8-31所示。

图8-31 查看计算结果

步骤08选中G3单元格，双击右下角，填充公式，即可查询其他车型和排量的库存量，如图8-32所示。

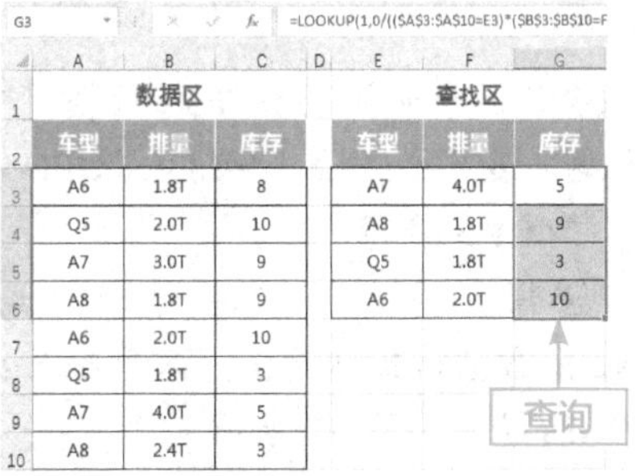

图8-32 查询其他车型和排量的库存量

实例60 LOOKUP函数：模糊匹配，从课程简称中查找编号

在Excel中，LOOKUP函数除了可以逆向查询、多条件查找数据外，还可以模糊匹配应用，这里的模糊匹配不是说计算的结果模糊，而是查询条件模糊，从而匹配到我们需要的精准数据，如图8-33所示。

数据区			查找区	
课程全称	编号		课程	编号
EXCEL精选技巧课程0001	753021		课程0001	753021
EXCEL精选技巧课程0002	925633		课程0004	899970
EXCEL精选技巧课程0003	448204		课程0005	160700
EXCEL精选技巧课程0004	899970		课程0008	307714
EXCEL精选技巧课程0005	160700			
EXCEL精选技巧课程0006	377470			
EXCEL精选技巧课程0007	534452			
EXCEL精选技巧课程0008	307714			

图8-33 匹配到精准数据

在前文我们讲解过FIND函数的应用，FIND函数可以对要查找的文本字符进行定位，下面介绍在Excel工作表中，通过LOOKUP函数和FIND函数混合应用，模糊匹配，从课程简称中查找编号的具体应用。

【实例60】LOOKUP函数：模糊匹配，从课程简称中查找编号

视频文件

步骤01 打开一个课程表素材文件，如图8-34所示。

步骤02 在工作表中，选中E3单元格，在编辑栏输入套用函数公式"=LOOKUP(1，0/())"，如图8-35所示。

步骤03 将光标移至内括号中，通过FIND函数进行条件定位，这里输入公式“FIND()”，如图8-36所示。

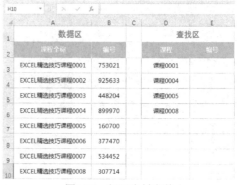

图8-34 打开素材文件

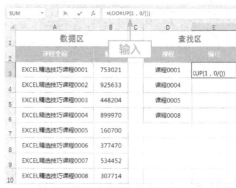

图8-35 输入套用函数公式

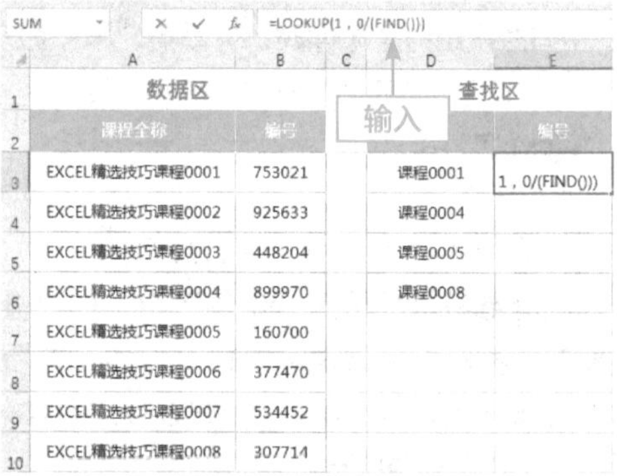

图8-36 输入FIND函数公式

步骤04 引用“课程”简称单元格D3单元格，如图8-37所示。

步骤05 选中“课程全称”所在区域A3：A10单元格，并按【F4】键绝对引用，如图8-38所示。

步骤06 将光标移至最右边的括号前面，输入结果数组参数，这里绝对引用“编号”所在区域B3：B10单元格，如图8-39所示。

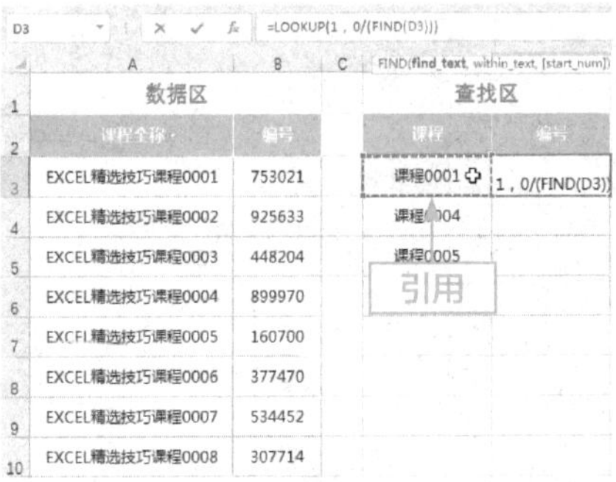

图8-37 引用D3单元格

图8-38 选中A3：A10单元格

图8-39 输入结果数组参数

图8-40 计算结果

图8-41 从课程简称中查找编号

小贴士

用户如果担心结果数组位置输入错误，可以在输入条件数组参数前，先输入结果数组参数，然后输入条件数组参数。

步骤07输入完成后，按回车键结束确认，即可查看计算结果，如图8-40所示。

步骤08选中E3单元格，双击单元格右下角，即可填充公式，从课程简称中查找编号，如图8-41所示。

📋 **实例61** **VLOOKUP函数：多条件查找，查询学生信息表**

在Excel中，VLOOKUP函数可以在指定区域内搜索首列满足条件的数据，确定搜索到的数据单元格在指定区域内的行序号，返回单元格中的值。下面通过VLOOKUP函数，介绍在工作表中进行多条件查找的应用技巧，效果如图8-42所示。

辅助列	数据区				查找区		
	年级	班级	名次	姓名	查找条件：		
一年级11	一年级	1	1	朱小平	年级	班级	名次
一年级12	一年级	1	2	刘琼	一年级	1	2
一年级13	一年级	1	3	张七七			
一年级21	一年级	2	1	霍知安			
一年级22	一年级	2	2	林晓伦	查找结果：		
一年级23	一年级	2	3	周倩	姓名		
二年级11	二年级	1	1	宁夏	刘琼		
二年级12	二年级	1	2	赵甜甜			
二年级13	二年级	1	3	叶晨			
二年级21	二年级	2	1	卢燕			
二年级22	二年级	2	2	夏天			
二年级23	二年级	2	3	刘子业			

图8-42 多条件查询学生信息表

下面介绍在Excel工作表中，通过VLOOKUP函数，在数据区中查询满足条件的学生信息的具体应用。

【实例61】VLOOKUP函数：多条件查找，查询学生信息表

步骤01打开一个学生信息表素材文件，如图8-43所示，在工作表中可以查看相关信息，在"数据区"中，可以看到年级、班级、名次等数据都不是唯一的。

图8-43　打开素材文件

步骤02在工作表中，选中A列并单击鼠标右键，在弹出的快捷菜单中选择"插入"选项，如图8-44所示。

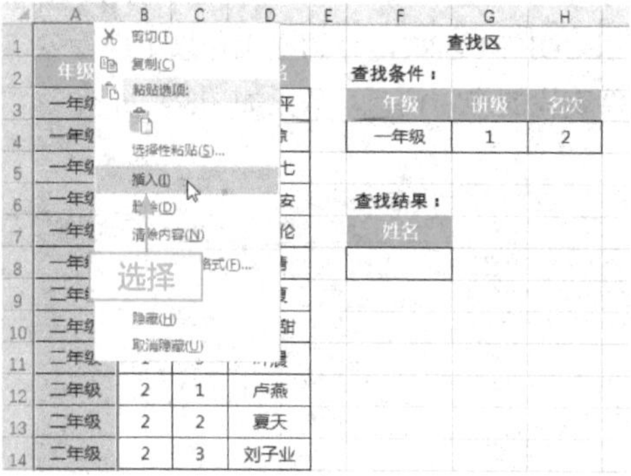

图8-44　选择"插入"选项

步骤03执行操作后，即可插入一列空白单元格，如图8-45所示。

图8-45　插入一列空白单元格

步骤04在A2单元格中，输入表头名称"辅助列"，如图8-46所示。

图8-46　输入表头名称

步骤05应用连接符，连接B、C、D三列中的数据，选中A3单元格，在编辑栏输入公式"=B3&C3&D3"，如图8-47所示。

图8-47　输入公式

步骤06按回车键结束确认，然后双击单元格右下角，填充公式，使组合的数据形成每个学生唯一的编号，如图8-48所示。

图8-48 填充公式

步骤07 选中G8单元格，在编辑栏输入VLOOKUP函数公式，并输入第一个查找条件参数"=VLOOKUP(G4&H4&I4)"，如图8-49所示。

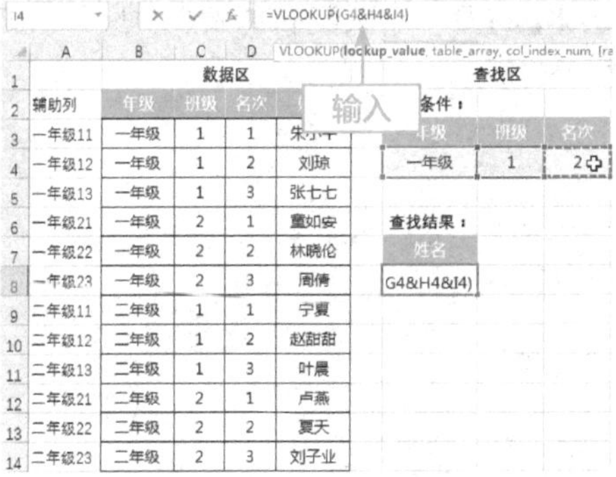

图8-49 输入第一个查找条件参数

步骤08 输入第二个参数，这里选中"数据区"中包括辅助列在内的所有单元格A2：E14，如图8-50所示。

图8-50 选中"数据区"中的所有单元格

步骤09 输入第三个参数，即结果所在列号，这里姓名列为第5列，如图8-51所示。

图8-51 输入结果所在列号

步骤10 最后一个参数为逻辑值，这里选择"FALSE-精确匹配"，如图8-52所示。

图8-52 选择"FALSE-精确匹配"

步骤11 执行操作后，按回车键结束确认，即可查看计算结果，如图8-53所示。

图8-53 查看计算结果

实例62 **VLOOKUP函数：一对多查找，查询同部门员工姓名**

上一例讲解了VLOOKUP函数多条件查找的应用方法，本例将讲解应用

VLOOKUP函数，在工作表中一对多查询的应用方法。图8-54上表所示为某公司的获奖名单表，下表为查找同部门的获奖人员名单，并统计出获奖总金额。

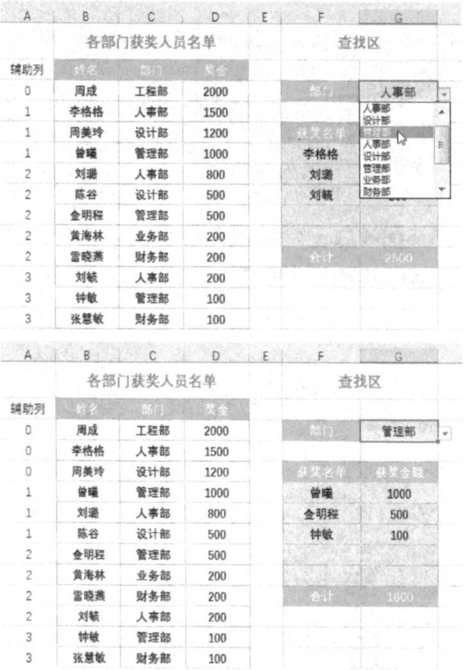

图8-54 查看计算结果

本例将会通过数据验证功能制作联动效果，建立辅助列，通过COUNTIF函数计算满足条件的单元格个数，以及IFERROR函数的相关应用。IFERROR的基本功能、语法、参数定义和使用说明如下。

功能

检验公式中的参数是否有错误。

语法

IFERROR(value,value_if_error)

定义

value：必需。代表需要检查错误的公式，value可以表示为系列值、数组公式、引用的单元格等。

value_if_error：必需。代表公式计算错误后指定返回的值。

说明

如果公式计算的结果有误，可返回指定的值；如果公式计算无误，则返回公式计算结果。

下面介绍一对多查询同部门获奖的人员名单，并统计获奖总金额的具体应用。

【实例62】VLOOKUP函数：一对多查找，查询同部门员工姓名

视频文件

步骤01 打开一个获奖名单表素材文件，如图8-55所示。

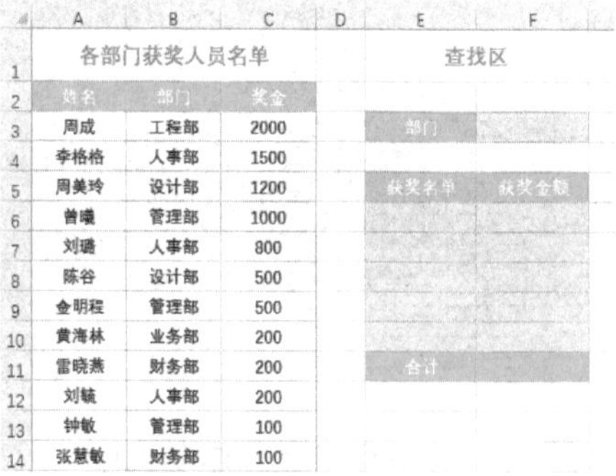

图8-55 打开素材文件

步骤02 在工作表中，选中A列并单击鼠标右键，在弹出的快捷菜单中选择"插入"选项，如图8-56所示。

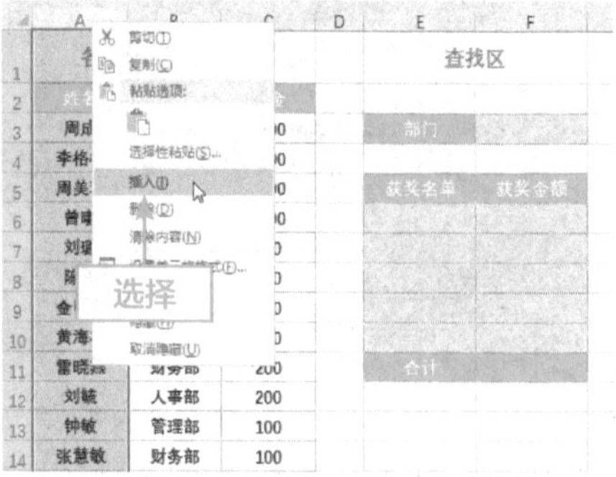

图8-56 选择"插入"选项

步骤03 执行操作后，即可插入一列空白单

元格，如图8-57所示。

图8-57　插入一列空白单元格

步骤04 在A2单元格中，输入表头名称"辅助列"，如图8-58所示。

图8-58　输入表头名称

步骤05 选中A3单元格，在编辑栏输入函数公式"=COUNTIF()"，如图8-59所示。

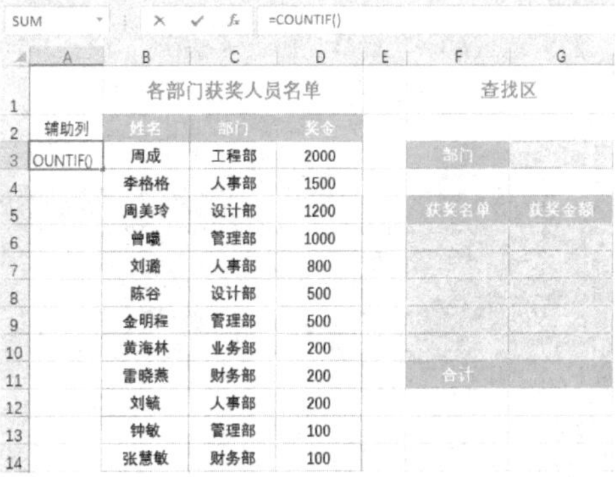

图8-59　输入COUNTIF函数公式

步骤06 将光标移至括号内，输入第一个参数，这里输入"$C$3:C3"，如图8-60所示。

图8-60　输入第一个参数

步骤07 输入第二个参数，这里选中G3单元格，并绝对引用，如图8-61所示。

图8-61　选中G3单元格并绝对引用

步骤08 按回车键结束后，双击A3单元格右下角，填充公式，如图8-62所示，计算满足条件的相同部门单元格个数，这里G3单元格为空值，因此计算结果为0。

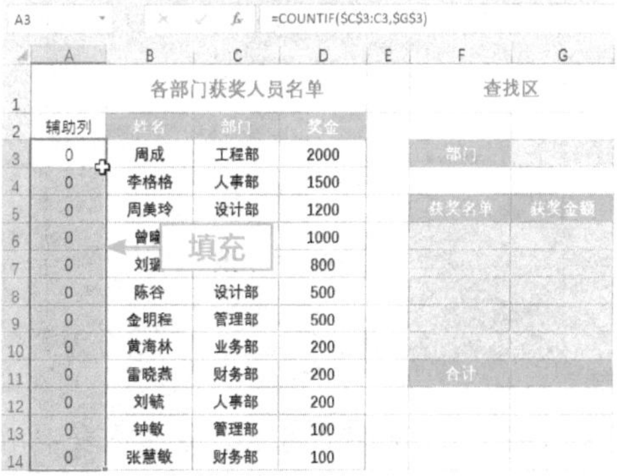

图8-62　填充公式

步骤09 选中G3单元格，在"数据"功能区中，单击"数据验证"按钮，如图8-63所示。

图8-63　单击"数据验证"按钮

步骤10 弹出"数据验证"对话框后，设置"允许"为"序列"选项，如图8-64所示。

图8-64　设置"允许"为"序列"选项

步骤11 在下方的"来源"文本框中，绝对引用"部门"所在区域单元格"=$C$3:$C$14"，如图8-65所示。

图8-65　绝对引用"部门"所在区域单元格

步骤12 单击"确定"按钮，在工作表中，单击G3单元格右侧的下拉按钮，在弹出的下拉列表中选择"人事部"选项，如图8-66所示。

图8-66　选择"人事部"选项

步骤13 执行操作后，即可在单元格中显示"人事部"，辅助列中的计算结果也会随之发生变化，如图8-67所示。

图8-67　显示"人事部"

步骤14 选中F6单元格，在编辑栏输入函数公式"=VLOOKUP()"，如图8-68所示。

图8-68　输入函数公式

步骤15 将光标移至括号内，第一个参数应用ROW函数生成数组，这里输入"ROW(1:1)"，如图8-69所示。

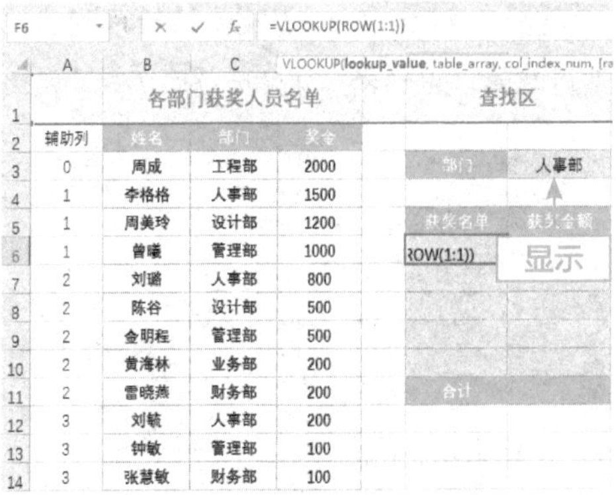

图8-69　输入第一个参数

步骤16输入第二个参数，这里选中查询区域A2：D14单元格，并按【F4】键绝对引用，如图8-70所示。

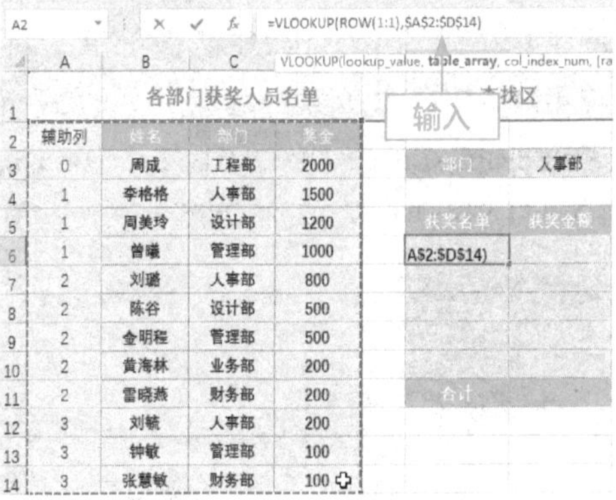

图8-70　输入第二个参数

步骤17"姓名"所在列为第2列，所以第三个参数输入"2"，如图8-71所示。

图8-71　输入第三个参数

步骤18第四个参数输入"0"，表示精确匹配，如图8-72所示。

图8-72　输入第四个参数

步骤19按回车键结束确认，即可返回计算结果，如图8-73所示。

图8-73　返回计算结果

步骤20下拉拖曳单元格右下角至F10单元格，填充公式，如图8-74所示。

图8-74　填充公式

步骤21执行操作后，可以看到填充的单元格中出现错误值，在编辑栏中的VLOOKUP函数公式外面嵌套一个IFERROR函数公式，显示为"=IFERROR(VLOOKUP(ROW(1:1), $A$2:$D$14,2,0))"，如图8-75所示。

图8-75　嵌套IFERROR函数公式

步骤22 在最后一个右括号前面输入参数""""，表示如果VLOOKUP函数公式计算结果为错误值，则返回空值，如图8-76所示。

图8-76　输入参数""""

> **小贴士**
>
> 在操作过程中，需要注意IFERROR函数公式的以下几个细节：
>
> （1）value可以表示为系列值、数组公式、引用的单元格等。
>
> （2）如果value或value_if_error是空白单元格，则IFERROR将其视为空值("")。
>
> （3）如果value是数组公式，则IFERROR为value中指定区域的每个单元格返回一个结果数组。

步骤23 按【Ctrl+Enter】组合键结束确认，即可查看计算结果，如图8-77所示。

图8-77　查看计算结果

步骤24 选中G6：G10单元格，在编辑栏输入一个LOOKUP函数公式，并应用IFERROR函数检验公式，公式为"=IFERROR(LOOKUP(1,0/($B$2:$D$14=F6), $D$2:$D$14),"")"，如图8-78所示。

图8-78　输入公式

步骤25 按【Ctrl+Enter】组合键结束确认，即可查看计算结果，如图8-79所示。

步骤26 选中G11单元格，在"开始"功能区中，单击"自动求和"选项按钮，即可自动统计人事部获奖总金额，如图8-80所示。

步骤27 单击G3单元格中的下拉按钮，切换部门，检验下方的查找结果，如图8-81所示。

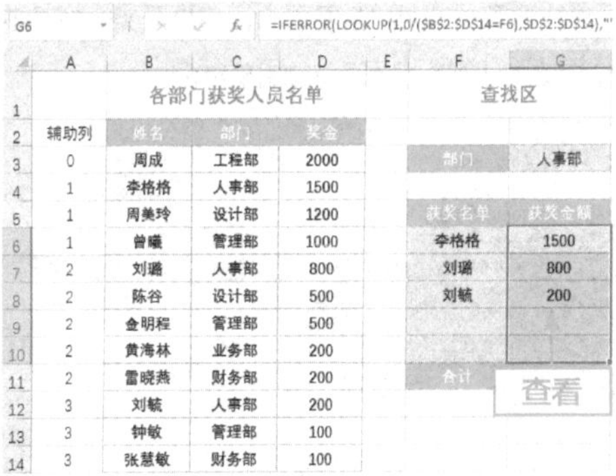

G6　=IFERROR(LOOKUP(1,0/($B$2:$D$14=F6),$D$2:$D$14),"")

图8-79　查看计算结果

G11　=SUM(G6:G10)

图8-80　自动统计人事部获奖总金额

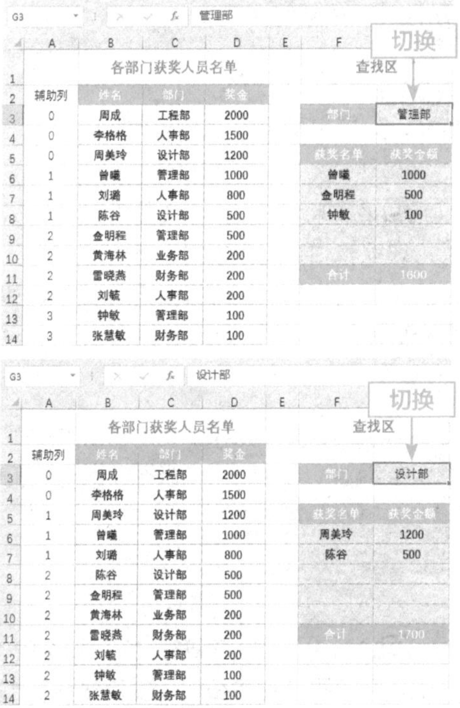

G3　管理部

G3　设计部

图8-81　切换部门查看效果

实例63　VLOOKUP函数：纵向查找，计算个人所得税

前面讲解了VLOOKUP函数在多条件查找和一对多查找中的应用，下面将讲解VLOOKUP函数在纵向查找中的应用。

如图8-82所示，数据区中标明了个人所得税起征点为3500元，也就是说，当工资超过3500元后，需要按照数据区中提供的等级标准进行纳税，在查找区中标明了税款的计算公式=应纳税额*税率－速算扣除数。

图8-82　计算个人所得税

在Excel中，我们可以通过VLOOKUP函数，结合税款的计算公式，计算个人所得税，下面进行具体应用的介绍。

【实例63】VLOOKUP函数：纵向查找，计算个人所得税

步骤01打开一个税款查询表素材文件，如图8-83所示。

图8-83　打开素材文件

步骤02在工作表中，选中H5单元格，在编

辑栏输入公式"=G5－3500"，计算应纳税额，如图8-84所示。

图8-84　计算应纳税额

步骤03 选中I5单元格，在编辑栏输入VLOOKUP函数公式"=VLOOKUP()"，如图8-85所示。

图8-85　输入VLOOKUP函数公式

步骤04 将光标移至括号内，引用H5单元格为第一个条件参数，如图8-86所示。

图8-86　引用H5单元格

步骤05 第二个参数为查询区域，这里选中C2：E9单元格，如图8-87所示。

图8-87　选中C2：E9单元格

步骤06 第三个参数为结果所在列，这里输入"2"，如图8-88所示。

步骤07 第四个参数输入"1"，表示近似匹配，按回车键结束确认，即可通过应纳税额近似查找税率，如图8-89所示。

图8-88　输入结果所在列"2"

图8-89　通过应纳税额近似查找税率

步骤08 用同样的方法，应用VLOOKUP函数公式，通过应纳税额近似查找扣除数，如图8-90所示。

图8-90　通过应纳税额近似查找扣除数

步骤09 选中K5单元格，套用税款计算公式，在编辑栏输入公式"=H5*I5－J5"，按回车键结束确认，即可计算出税款，如图8-91所示。

图8-91　计算税款

步骤10 执行操作后，将H5：J5单元格中的公式，套用税款计算公式，复制粘贴至H9单元格，组合成一个公式"=(G5－3500)*

VLOOKUP(H5,C2:E9,2,1)－VLOOKUP(H5,C2:E9,3,1)”，即可应用一个公式计算个人所得税，如图8-92所示。

H5 =(G5-3500)*VLOOKUP(H5,C2:E9,2,1)-VLOOKUP(H5,C2:E9,3,1)

数据区
所得税起征点为3500元

级数	应纳税工资收入	上一级工资上限	税率	扣除数
1	不超过1500元的	0	3%	0
2	超过1500元至4500元部分	1500	10%	105
3	超过4500元至9000元部分	4500	20%	555
4	超过9000元至35000元部分	9000	25%	1005
5	超过35000元至55000元部分	35000	30%	2755
6	超过55000元至80000元部分	55000	35%	5505
7	超过80000元部分	80000	45%	13505

查找区
税款计算公式=应纳税额*税率-速算扣除数

公式拆解

工资	应纳税额	税率	速算扣除数	税款
5500	2000	10%	105	95

公式重组

工资	税款
5500	95

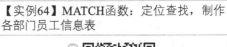

图8-92　通过公式重组计算个人所得税

实例64　MATCH函数：定位查找，制作各部门员工信息表

MATCH函数在Excel工作表中，可以返回在指定方式下与指定数值匹配的数组中元素的相应位置。

从事人事工作的用户应该都有过如下体会：在新员工进公司的时候，我们会把新员工的信息资料登记在工作表中当作备份资料，如果不小心删除了一些资料，就需要把每个员工的资料找出来重新登记，这样会加大工作量，降低工作效率，因此源数据表通常不会去动。

当需要在员工信息表中进行修改时，一般都采用复制源数据表中的数据信息，然后在新的工作表中进行删改。这里介绍一种函数方法，通过应用MATCH函数，在源数据表中定位查找需要的信息，然后批量提取出来，补全员工信息表，效果如图8-93所示。

数据表 / 查找表

姓名	籍贯	部门	婚否	基本工资	部门	姓名	性别	年龄	籍贯	婚否	基本工资
朱莉	四川成都	计划部	未婚	4848	计划部	刘丹	女	22	河南温县	已婚	3702
吴雄安	甘肃兰州	生产部	已婚	4269	计划部	朱莉	女	21	四川成都	未婚	4848
百晓婷	陕西西安	市场部	已婚	4137	人事部	欧元元	女	33	湖北荆州	已婚	4903
刘丹	河南温县	计划部	已婚	3702	人事部	张潇	男	47	河北保定	未婚	3925
秦羽	江苏南京	生产部	未婚	3954	生产部	秦羽	男	39	江苏南京	未婚	3954
张潇	河北保定	人事部	未婚	3925	生产部	吴雄安	男	36	甘肃兰州	已婚	4269
贾越飞	江西赣州	市场部	已婚	3547	市场部	贾越飞	男	36	江西赣州	已婚	3547
周长乐	浙江杭州	市场部	未婚	3055	市场部	百晓婷	女	23	陕西西安	已婚	4137
欧元元	湖北荆州	人事部	已婚	4903	市场部	周长乐	男	26	浙江杭州	未婚	3055

图8-93　员工信息表

下面介绍通过MATCH函数定位查找，制作各部门员工信息表的具体应用。

【实例64】MATCH函数：定位查找，制作各部门员工信息表

视频文件

步骤01 打开一个员工信息表素材文件，如图8-94所示。

数据表 / 查找表

姓名	籍贯	部门	婚否	基本工资	部门	姓名	性别	年龄	籍贯	婚否	基本工资
朱莉	四川成都	计划部	未婚	4848	计划部	刘丹	女	22			
吴雄安	甘肃兰州	生产部	已婚	4269	计划部	朱莉	女	21			
百晓婷	陕西西安	市场部	已婚	4137	人事部	欧元元	女	33			
刘丹	河南温县	计划部	已婚	3702	人事部	张潇	男	47			
秦羽	江苏南京	生产部	未婚	3954	生产部	秦羽	男	39			
张潇	河北保定	人事部	未婚	3925	生产部	吴雄安	男	36			
贾越飞	江西赣州	市场部	已婚	3547	市场部	贾越飞	男	36			
周长乐	浙江杭州	市场部	未婚	3055	市场部	百晓婷	女	23			
欧元元	湖北荆州	人事部	已婚	4903	市场部	周长乐	男	26			

图8-94　打开素材文件

步骤02 在工作表中，选中K3单元格，在编辑栏输入函数公式“=MATCH()”，如图8-95所示。

=MATCH()

数据表 / 查找表

姓名	籍贯	部门	婚否	基本工资	部门	姓名	性别	年龄	籍贯	婚否	基本工资
朱莉	四川成都	计划	输入		计划部	刘丹	女	22	=MATCH()		
吴雄安	甘肃兰州	生产部	已婚	4269	计划部	朱莉	女	21			
百晓婷	陕西西安	市场部	已婚	4137	人事部	欧元元	女	33			
刘丹	河南温县	计划部	已婚	3702	人事部	张潇	男	47			
秦羽	江苏南京	生产部	未婚	3954	生产部	秦羽	男	39			
张潇	河北保定	人事部	未婚	3925	生产部	吴雄安	男	36			
贾越飞	江西赣州	市场部	已婚	3547	市场部	贾越飞	男	36			
周长乐	浙江杭州	市场部	未婚	3055	市场部	百晓婷	女	23			
欧元元	湖北荆州	人事部	已婚	4903	市场部	周长乐	男	26			

图8-95　输入函数公式

步骤03 将光标移至括号内，第一个参数为要查找的值，这里选中K2单元格，并按两下【F4】键混合引用，固定行号，如图8-96所示。

=MATCH(K$2)
MATCH(lookup_value, lookup_array, [match_type])

数据表 / 查找表

姓名	籍贯	部门	婚否	基本工资	部门	姓名	性别	年龄	籍贯	婚否	基本工资
朱莉	四川成都	计划部	未婚	4848	计划部	刘丹	女	22	(K$2)		
吴雄安	甘肃兰州	生产部	已婚	4269	计划部	朱莉	女	21			
百晓婷	陕西西安	市场部	已婚	4137	人事部	欧元元	女		选中		
刘丹	河南温县	计划部	已婚	3702	人事部	张潇	男				
秦羽	江苏南京	生产部	未婚	3954	生产部	秦羽	男	39			
张潇	河北保定	人事部	未婚	3925	生产部	吴雄安	男	36			
贾越飞	江西赣州	市场部	已婚	3547	市场部	贾越飞	男	36			
周长乐	浙江杭州	市场部	未婚	3055	市场部	百晓婷	女	23			
欧元元	湖北荆州	人事部	已婚	4903	市场部	周长乐	男	26			

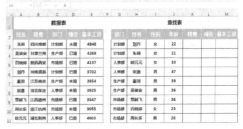

图8-96　选中K2单元格

步骤04 第二个参数为要查找的区域，这里选中A2：E2单元格，按【F4】键绝对引用，如图8-97所示。

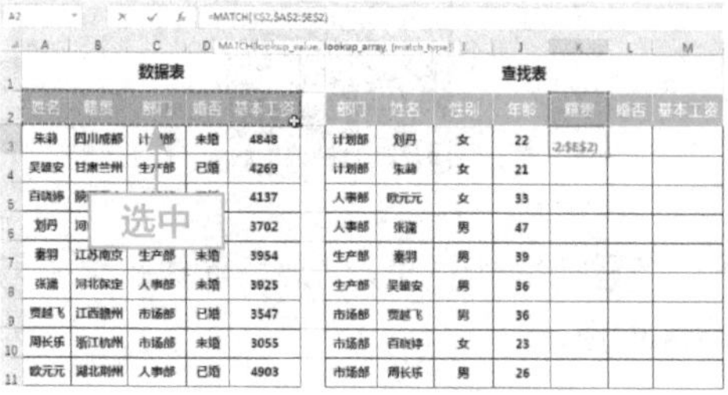

图8-97　选中A2：E2单元格

步骤05 第三个参数输入"0"，表示精确匹配，如图8-98所示。

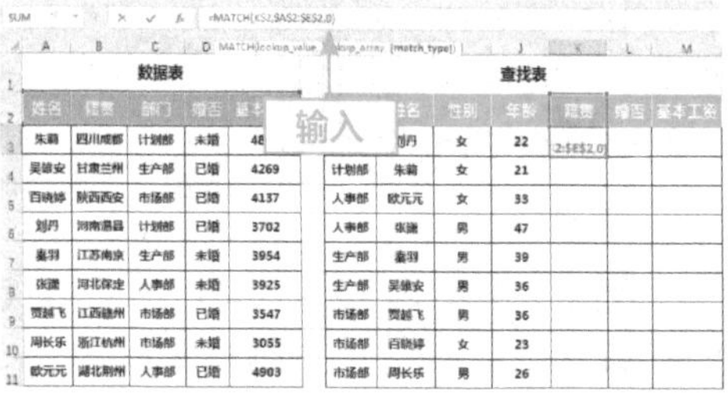

图8-98　输入第三个参数"0"

步骤06 按回车键结束确认，单击单元格右下角并向右拖曳填充，即可定位查找的内容在查找区域中第几列，如图8-99所示。

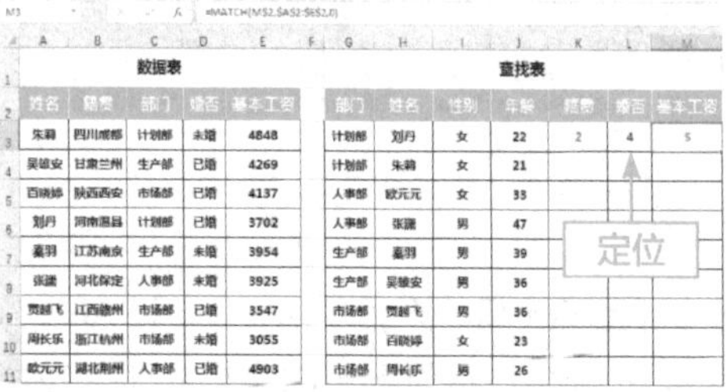

图8-99　定位查找的内容

步骤07 选中K3单元格，在编辑栏中的MATCH函数公式的外面，嵌套一个VLOOKUP函数公式，如图8-100所示，查找指定条件在数据表中的行号，并返回要查找的值。

图8-100　嵌套一个VLOOKUP函数公式

步骤08 第一个参数为要查找的条件，这里选中H3单元格，并按三下【F4】键混合引用，固定列号，如图8-101所示。

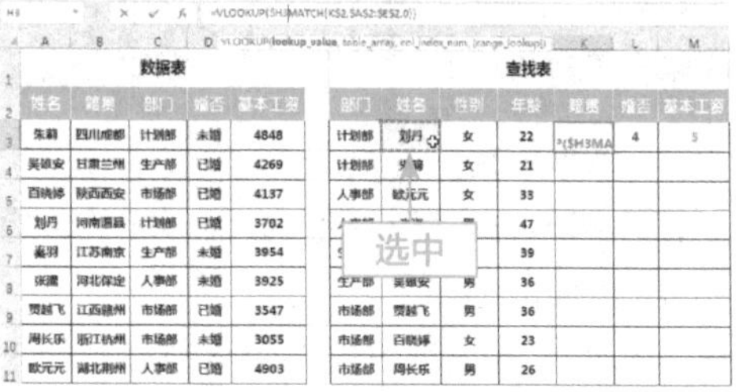

图8-101　选中H3单元格

步骤09 第二个参数为要查找的区域，这里选中A2：E11单元格，按【F4】键绝对引用，如图8-102所示。

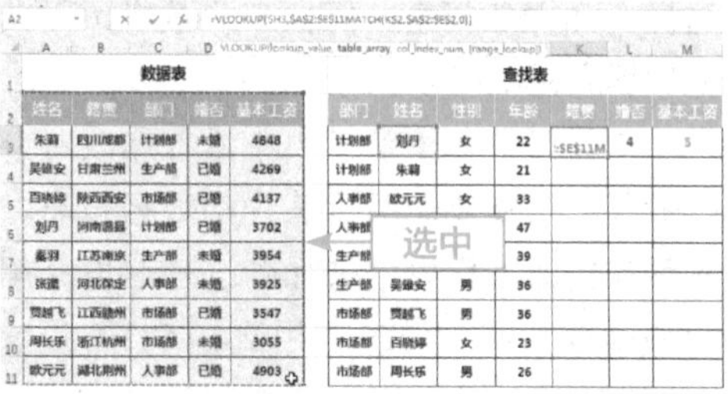

图8-102　选中A2：E11单元格

步骤10 第三个参数为通过MATCH函数公式计算返回的列号，第四个参数输入"0"，表示精确匹配，如图8-103所示。

图8-103　第四个参数输入"0"

步骤11 按回车键结束确认，即可返回定位查找到的相应值，如图8-104所示。

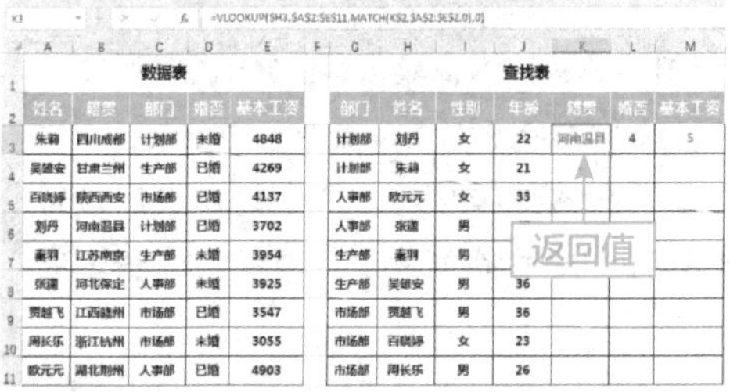

图8-104　返回定位查找到的相应值

步骤12 选中K3：M11单元格，将光标移至

编辑栏并单击左键，然后按【Ctrl+Enter】组合键，即可批量填充，完成各部门员工信息表的制作，如图8-105所示。

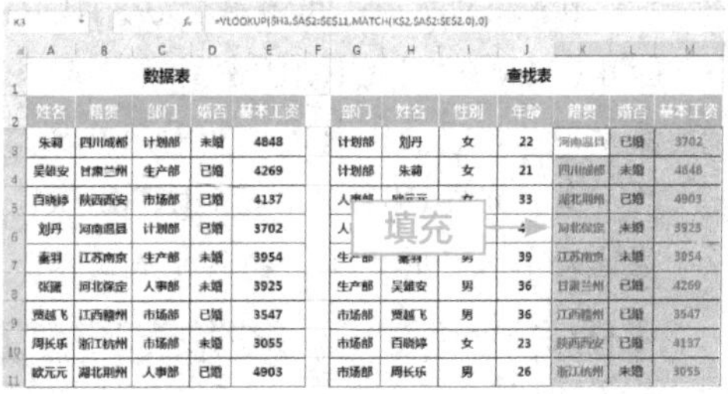

图8-105　批量填充各部门员工信息

在Excel中，引用函数包括ADDRESS函数、AREAS函数、HLOOKUP函数、COLUMN函数、CHOOSE函数以及INDEX函数和INDIRECT函数等。在Excel工作表中，应用引用函数可以帮助用户调用、查看需要的数据信息。本章将以实例讲解的形式，介绍INDEX函数和INDIRECT函数在Excel中的具体应用，帮助用户快速掌握这两个函数的用法，高效完成工作。

姓名	语文	数学	英语	物理	化学	生物
李聪	73	77	76	87	76	95
王霏霏	72	86	70	81	100	76
周欧	95	63	89	64	100	67
华玉	76	75	61	71	91	75
陈源	82	80	68	79	64	76
李越	75	71	63	94	84	81
张佩奇	73	100	99	93	69	69
佟月尔	63	61	85	66	100	90

查找：

姓名	语文	数学	英语	物理	化学	生物
华玉	76	75	61	71	91	75

	A	B	C	D	E	F	G	H	I
1	月份	王伟	李飒	张天天	陆伍	周末	苏畅子	唐美林	曾羽菲
2	1月	588	680	496	268	615	358	546	329
3	2月	500	800	400	200	600	300	500	300
4	3月	550	650	430	285	635	352	533	396
5	4月	600	700	480	320	880	335	585	400
6	5月	600	720	510	350	650	368	600	410
7	6月	450	630	330	220	360	580	400	380
8									
9									

汇总表 | 1月 | 2月 | 3月 | 4月 | 5月 | 6月 | ⊕

姓名	语文	数学	英语	物理	化学	生物
李聪	73	77	76	87	76	95
王霏霏	72	86	70	81	100	76
周欧	95	63	89	64	100	67
华玉	76	75	61	71	91	75
陈源	82	80	68	79	64	76
李越	75	71	63	94	84	81
张佩奇	73	100	99	93	69	69
佟月尔	63	61	85	66	100	90

查找：

姓名	物理
李越	94

员工工资单									
姓名：	莉莉变		入职日期：	2017/11/16		部门：		销售部	
基本薪资	食宿补贴	岗位补贴	话费补贴	全勤奖恤	保险扣补	实发工资	领款人签名	日期	备注
2506	350	100	100	50	500	3606			

员工工资单									
姓名：	汤阔		入职日期：	2018/3/3		部门：		销售部	
基本薪资	食宿补贴	岗位补贴	话费补贴	全勤奖恤	保险扣补	实发工资	领款人签名	日期	备注
7906	350				-168	8166			

员工工资单									
姓名：	马丁		入职日期：	2018/1/8		部门：		业务部	
基本薪资	食宿补贴	岗位补贴	话费补贴	全勤奖恤	保险扣补	实发工资	领款人签名	日期	备注
7250	350		100	50	-179	7580			

9.1 INDEX函数：返回特定行，制作学生成绩表

在Excel中，INDEX函数有两种应用形式，一种是数组形式，另一种是引用形式。

当INDEX函数是数组形式时，将返回指定单元格区域中的值。INDEX函数的基本功能、语法和参数定义如下。

功能

返回表格或区域中的值。

语法

INDEX(array, row_num,[column_num])

定义

array：必需。单元格区域或数组常量。如果数组只包含一行或一列，则相对应的参数row_num或column_num为可选参数。

row_num：必需。选择数组中的某行，函数从该行返回数值。如果省略row_num，则必须有column_num。

column_num：可选。选择数组中的

某列，函数从该列返回数值。如果省略column_num，则必须有row_num。如果同时使用参数row_num和column_num，函数INDEX返回row_num和column_num交叉处的单元格中的值。

下面以学生成绩表为例，介绍INDEX函数数组形式的应用。

实例65 获取学生的所有科目成绩

我们在Excel工作表中计算或查找某些数据时，当工作表中的数据比较少时，我们通常会下意识地用自己的眼睛找到相应的数据，然后将找到的数据直接复制提取出来，这种方式虽然简单，但也有看错的时候，并且在大数据表中更容易看错。

通常建立的数据信息表不会只用一次，而是需要经常在信息表中查看或调用数据信息，如果用人工方式来查找，不仅耗时，而且会增加工作量。通过INDEX函数、MATCH函数以及COLUMN函数组合运用，可以快速返回行和列所对应的数据，效果如图9-1所示。

姓名	语文	数学	英语	物理	化学	生物
李聪	73	77	76	87	76	95
王霏霏	72	86	70	81	100	76
周欧	95	63	89	64	100	67
华玉	76	75	61	71	91	75
陈源	82	80	68	79	64	76
李越	75	71	63	94	84	81
张佩奇	73	100	99	93	69	69
佟月尔	63	61	85	66	100	90
查找：						
姓名	语文	数学	英语	物理	化学	生物
华玉	76	75	61	71	91	75

图9-1　获取学生的所有科目成绩效果

下面介绍应用INDEX函数，获取学生的所有科目成绩的具体应用。

【实例65】获取学生的所有科目成绩

步骤01 打开一个学生成绩表素材文件，切换至工作表1，如图9-2所示。

图9-2　打开素材文件

步骤02 学生科目成绩在源数据表中的第2～7列，选中B12单元格，在编辑栏输入函数公式“=COLUMN(B:B)”，如图9-3所示。

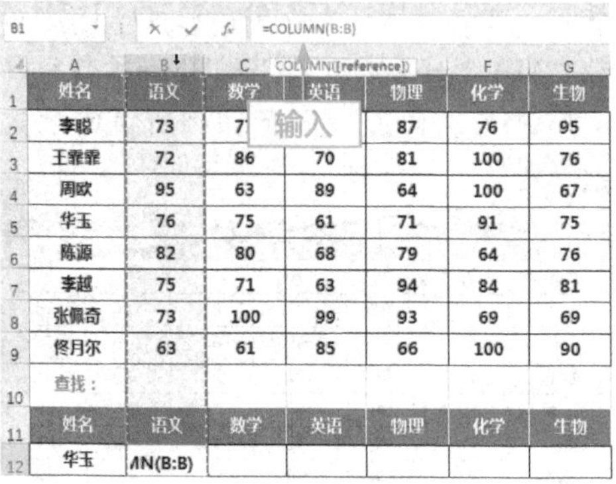

图9-3　输入函数公式

小贴士

在Excel中，COLUMN函数的主要作用是返回指定引用列所在的列号顺序，例如A列列号为1、B列列号为2。

步骤03引用B列，按回车键结束确认，返回引用的列号，如图9-4所示。

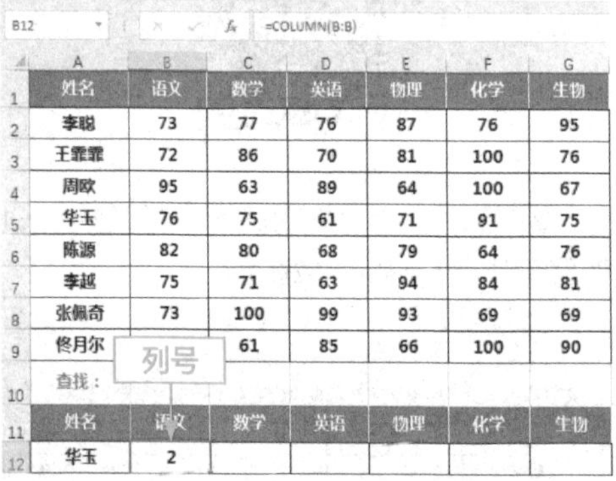

图9-4　返回引用的列号

步骤04在COLUMN函数公式外面，嵌套一个INDEX函数公式，如图9-5所示。

步骤05第一个参数为源数据区域，这里选中A1：G9单元格，并按【F4】键绝对引用，如图9-6所示。

步骤06第二个参数为条件所在行，这里应用MATCH函数精确匹配即可定位行号，输入“MATCH($A$12,$A$1:$A$9,0)”，如图9-7所示。

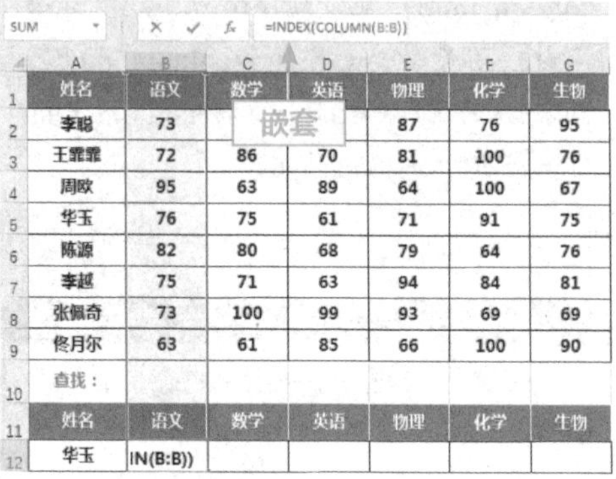

图9-5　嵌套一个INDEX函数公式

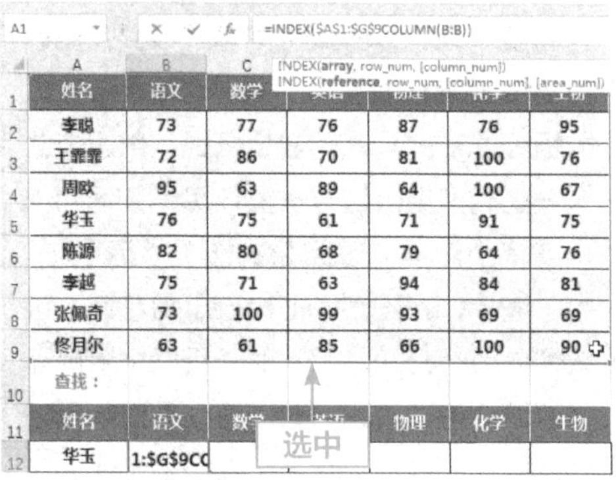

图9-6　选中A1：G9单元格

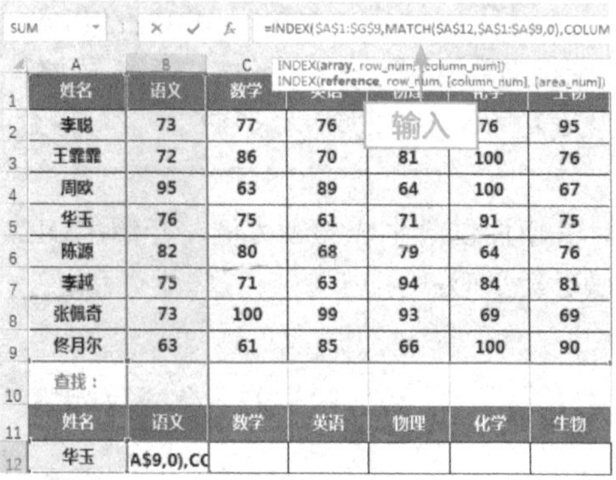

图9-7　定位行号

步骤07按回车键结束确认，即可获取该学生的语文成绩，如图9-8所示。

步骤08单击单元格右下角，并向右拖曳，即可获取该学生的所有科目成绩，效果如图9-9所示。

B12 ‖ fx =INDEX($A$1:$G$9,MATCH($A$12,$A$1:$A$9,0),COLUM

	A	B	C	D	E	F	G
	姓名	语文	数学	英语	物理	化学	生物
1							
2	李聪	73	77	76	87	76	95
3	王霏霏	72	86	70	81	100	76
4	周欧	95	63	89	64	100	67
5	华玉	76	75	61	71	91	75
6	陈源	82	80	68	79	64	76
7	李越	75	71	63	94	84	81
8	张佩奇	73	100	99	93	69	69
9	佟月尔	获取	61	85	66	100	90
10	查找：						
11	姓名	语文	数学	英语	物理	化学	生物
12	华玉	76					

图9-8　获取该学生的语文成绩

B12 ‖ × ✓ fx =INDEX($A$1:$G$9,MATCH($A$12,$A$1:$A$9,0),COLUM

	A	B	C	D	E	F	G
	姓名	语文	数学	英语	物理	化学	生物
1							
2	李聪	73	77	76	87	76	95
3	王霏霏	72	86	70	81	100	76
4	周欧	95	63	89	64	100	67
5	华玉	76	75	61	71	91	75
6	陈源	82	80	68	79	64	76
7	李越	75	71	63	94	84	81
8	张佩奇	73	100	99	93	69	69
9	佟月尔	63	61	获取	66	100	90
10	查找：						
11	姓名	语文	数学	英语	物理	化学	生物
12	华玉	76	75	61	71	91	75

图9-9　获取该学生的所有科目成绩

小贴士

完整公式如下：

B12=INDEX($A$1:$G$9,MATCH($A$12,$A$1:$A$9,0),COLUMN(B:B))

📖 **实例66　查看学生的某个科目成绩**

通过上一例我们已知，通过INDEX函数、MATCH函数以及COLUMN函数组合引用，可以获取学生的所有科目成绩，下面将介绍直接通过MATCH函数定位指定条件的行号和列号，应用INDEX函数和MATCH函数组合引用，在学生成绩表中查看单科成绩，效果如图9-10所示。

姓名	语文	数学	英语	物理	化学	生物
李聪	73	77	76	87	76	95
王霏霏	72	86	70	81	100	76
周欧	95	63	89	64	100	67
华玉	76	75	61	71	91	75
陈源	82	80	68	79	64	76
李越	75	71	63	94	84	81
张佩奇	73	100	99	93	69	69
佟月尔	63	61	85	66	100	90

查找：

姓名	物理
李越	94

图9-10　查看学生单科成绩

下面介绍应用INDEX函数获取学生所有科目成绩的具体应用。

【实例66】查看学生的某个科目成绩

步骤**01**打开一个学生成绩表素材文件，切换至工作表2，如图9-11所示。

	A	B	C	D	E	F	G	H
1	姓名	语文	数学	英语	物理	化学	生物	
2	李聪	73	77	76	87	76	95	
3	王霏霏	72	86	70	81	100	76	
4	周欧	95	63	89	64	100	67	
5	华玉	76	75	61	71	91	75	
6	陈源	82	80	68	79	64	76	
7	李越	75	71	63	94	84	81	
8	张佩奇	73	100	99	93	69	69	
9	佟月尔	63	61	85	66	100	90	
10								
11	查找：	切换						
12	姓名							
13	李越							
14								

3 1 2

就绪

图9-11　切换至工作表2

步骤**02**选中B13单元格，输入函数公式"=INDEX()"，如图9-12所示。

步骤**03**将光标移至括号内，第一个参数为源数据区域，这里选中A1：G9单元格，如图9-13所示。

步骤**04**第二个参数为条件所在行，输入MATCH函数公式："MATCH()"，如图9-14所示。

图9-12　输入函数公式

图9-13　选中A1：G9单元格

图9-14　输入MATCH函数公式

步骤05 在括号内输入条件参数，这里选中A13单元格，如图9-15所示。

步骤06 输入条件区域参数，这里选中A1：A9单元格，如图9-16所示。

步骤07 输入"0"，精确匹配查找条件所在行，如图9-17所示。

步骤08 第三个条件为条件所在列，输入MATCH函数"MATCH()"，在括号内输

入条件参数，这里选择B12单元格，如图9-18所示。

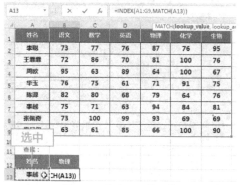

图9-15　选中A13单元格

图9-16　选中A1：A9单元格

图9-17　输入"0"

步骤09 输入条件区域参数，这里选中A1：G1单元格，如图9-19所示。

步骤10 输入"0"，精确匹配查找条件所在行，按回车键结束确认，即可查看学生的单科成绩，如图9-20所示。

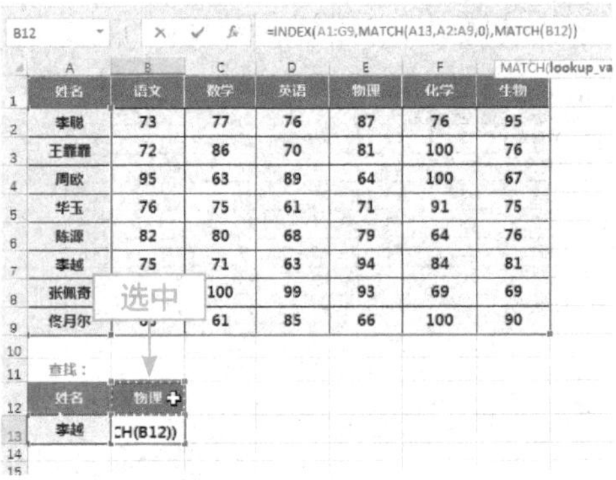

图9-18 选中B12单元格

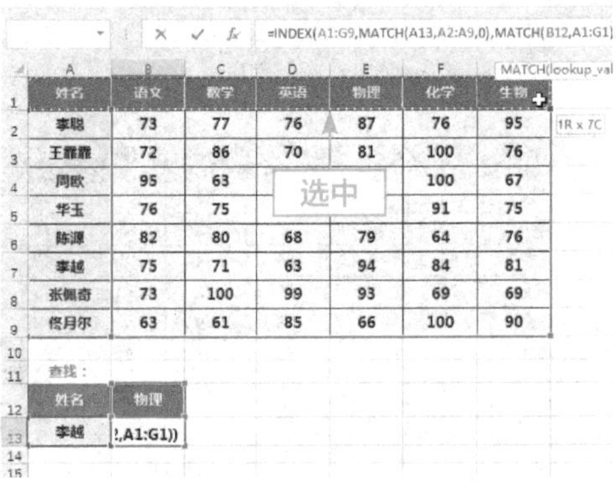

图9-19 选中A1：G1单元格

姓名	语文	数学	英语	物理	化学	生物
李聪	73	77	76	87	76	95
王霏霏	72	86	70	81	100	76
周欧	95	63	89	64	100	67
华玉	76	75	61	71	91	75
陈源	82	80	68	79	64	76
李越	75	71	63	94	84	81
张佩奇	73	100	99	93	69	69
佟月尔	63	61	85	66	100	90

图9-20 查看学生的单科成绩

图9-21 选择一个学生的名字

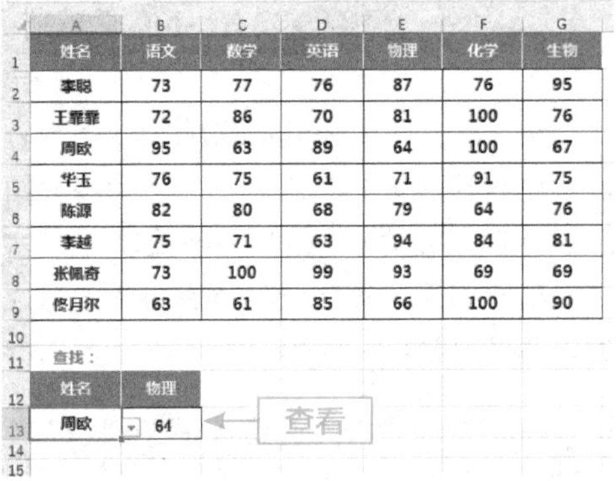

图9-22 查看该学生的物理成绩

图9-23 选择"数学"选项

步骤14 执行操作后，即可查看该学生的数学成绩，如图9-24所示。

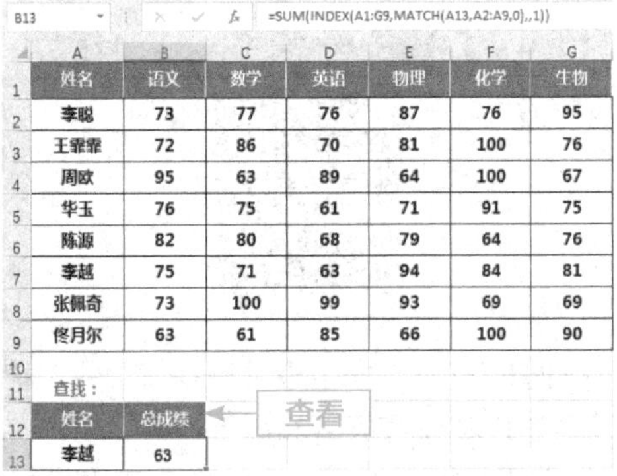

图9-24 查看该学生的数学成绩

步骤11 选中A13单元格，单击下拉按钮，在下拉列表中选择一个学生的名字，如图9-21所示。

步骤12 执行操作后，即可查看该学生的物理成绩，如图9-22所示。

步骤13 选中B12单元格，单击下拉按钮，在下拉列表中选择一个科目选项，这里选择"数学"选项，如图9-23所示。

步骤**15**通过这两个联动下拉按钮，即可根据需要查看数据。

小贴士

完整公式如下：
B13=INDEX(A1:G9,MATCH(A13,A1:A9,0),MATCH(B12,A1:G1,0))

 实例67 **查看学生所有科目的总成绩**

上一例介绍了如何应用INDEX函数查看学生科目成绩的应用方法，下面将介绍通过INDEX函数、MATCH函数以及SUM函数组合引用，查看学生所有科目的总成绩，效果如图9-25所示。

姓名	语文	数学	英语	物理	化学	生物
李聪	73	77	76	87	76	95
王霏霏	72	86	70	81	100	76
周欧	95	63	89	64	100	67
华玉	76	75	61	71	91	75
陈源	82	80	68	79	64	76
李越	75	71	63	94	84	81
张佩奇	73	100	99	93	69	69
佟月尔	63	61	85	66	100	90

查找：

姓名	总成绩
李越	468

图9-25 查看学生所有科目的总成绩

下面介绍应用函数公式查看学生所有科目总成绩的具体应用。

【实例67】查看学生所有科目的总成绩

步骤**01**打开一个学生成绩表素材文件，切换至工作表3，如图9-26所示。

步骤**02**选中B13单元格，输入函数公式

"=INDEX()"，如图9-27所示。

姓名	语文	数学	英语	物理	化学	生物
李聪	73	77	76	87	76	95
王霏霏	72	86	70	81	100	76
周欧	95	63	89	64	100	67
华玉	76	75	61	71	91	75
陈源	82	80	68	79	64	76
李越	75	71	63	94	84	81
张佩奇	73	100	99	93	69	69
佟月尔	63	61	85	66	100	90

切换
李越

图9-26 切换至工作表3

姓名	语文	数学	英语	物理	化学	生物
李聪	73	7	输入	87	76	95
王霏霏	72	86	70	81	100	76
周欧	95	63	89	64	100	67
华玉	76	75	61	71	91	75
陈源	82	80	68	79	64	76
李越	75	71	63	94	84	81
张佩奇	73	100	99	93	69	69
佟月尔	63	61	85	66	100	90

查找：

姓名	总成绩
李越	=INDEX()

图9-27 输入函数公式

步骤**03**第一个参数为条件区域，这里选择A1：G9单元格，如图9-28所示。

姓名	语文	数学				
李聪	73	77	76	87	76	95
王霏霏	72	86	70	81	100	76
周欧	95	63	89	64	100	67
华玉	76	75	61	71	91	75
陈源	82	80	68	79	64	76
李越	75	71	63	94	84	81
张佩奇	73	100	99	93	69	69
佟月尔	63	61	85	66	100	90

查找：

姓名	总成绩
李越	:(A1:G9)

选中

图9-28 选择A1：G9单元格

步骤**04**第二个参数为指定条件所在行，这里输入函数公式"MATCH()"，如图9-29所示。

步骤**05**将光标移至括号内在括号内输入

指定条件参数，这里选中A13单元格，如图9-30所示。

图9-29　输入函数公式

图9-30　选中A13单元格

步骤06输入条件区域参数，这里选中A1：A9单元格，如图9-31所示。

图9-31　选中A1：A9单元格

步骤07输入参数"0"，表示精确匹配，如图9-32所示。

步骤08第三个参数省略，直接输入英文大写逗号隔开，表示省略引用整行数据，这

里引用的区域只有一个，所以第四个参数输入"1"，如图9-33所示。

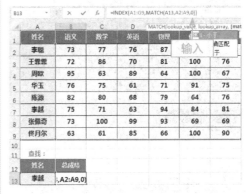

图9-32　输入参数"0"

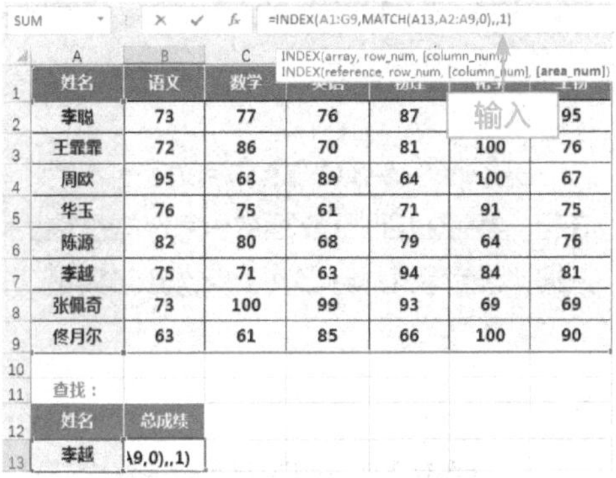

图9-33　第四个参数输入"1"

步骤09在最外面嵌套一个SUM函数，进行整体求和，如图9-34所示。

步骤10按回车键结束确认，即可查看学生所有科目的总成绩，如图9-35所示。

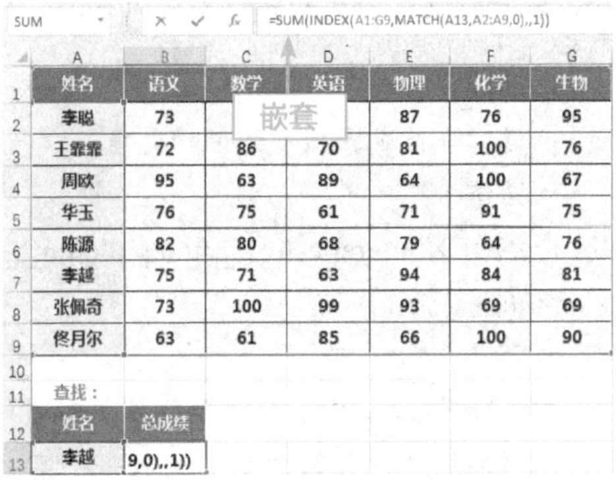

图9-34　嵌套一个SUM函数

B13				f_x	=SUM(INDEX(A1:G9,MATCH(A13,A2:A9,0),,1))	
	A	B	C	D	E	F	G
1	姓名	语文	数学	英语	物理	化学	生物
2	李聪	73	77	76	87	76	95
3	王霏霏	72	86	70	81	100	76
4	周欧	95	63	89	64	100	67
5	华玉	76	75	61	71	91	75
6	陈源	82	80	68	79	64	76
7	李越	75	71	63	94	84	81
8	张佩奇	73	100	99	93	69	69
9	佟月尔	62	61	85	66	100	90
10		查看					
11	查找：						
12	姓名	总成绩					
13	李越	468					

图9-35 查看学生所有科目的总成绩

小贴士

完整公式如下：

B13=SUM(INDEX(A1:G9,MATCH(A13,A1:A9,0),,1))

公式解析：

首先通过MATCH函数定位指定条件所在行，然后应用INDEX函数引用定位的整行数据，最后用SUM函数对引用的整行求和。

9.2 INDEX函数：快速引用，轻松制作工资条

在Excel中，当INDEX函数是引用形式时，将返回指定单元格区域中的值的引用。基本功能、语法和参数定义如下。

功能

返回表格或区域中的值的引用。

语法

INDEX(reference,row_num,[column_num],[area_num])

定义

reference：必需。对一个或多个单元格区域的引用。如果为引用输入一个不连续的区域，必须将其用括号括起来。

如果引用中的每个区域只包含一行或一列，则相应的参数row_num或column_num分别为可选项。例如，对于单行的引用，可以使用函数INDEX(reference,,column_num)。

row_num：必需。引用中某行的行号，函数从该行返回一个引用。

column_num：可选。引用中某列的列标，函数从该列返回一个引用。

area_num：可选。选择引用中的一个区域，以从中返回row_num和column_num的交叉区域。选中或输入的第一个区域序号为1，第二个为2，依此类推。如果省略area_num，则函数INDEX使用区域1。

例如，如果引用描述的单元格为(A1:B4,D1:E4,G1:H4)，则area_num1为区域A1:B4，area_num2为区域D1:E4，而area_num 3为区域G1:H4。

工资条，是财务人员最常制作的，下面介绍稍微复杂一点的工资条制作方法，效果如图9-36所示。

员工工资单							
姓名：	莉莉安		入职日期：	2017/11/16		部门：	销售部
基本薪资	食宿补贴	岗位补贴	话费补贴	全勤奖惩	保险扣应	实发工资	核款人签名	日期	备注
2506	350	100	100	50	500	3606			

员工工资单							
姓名：	汤姆		入职日期：	2018/3/3		部门：	销售部
基本薪资	食宿补贴	岗位补贴	话费补贴	全勤奖惩	保险扣应	实发工资	核款人签名	日期	备注
7906	350	0	0	0	-168	8188			

员工工资单							
姓名：	马丁		入职日期：	2018/1/6		部门：	业务部
基本薪资	食宿补贴	岗位补贴	话费补贴	全勤奖惩	保险扣应	实发工资	核款人签名	日期	备注
7259	350	0	100	50	-170	7580			

图9-36 工资条效果

实例68 获取员工姓名

制作工资条前，我们先来看一下工资明细表，如图9-37所示。从图9-36可知，每名员工的工资单都占4行，而明细表中一名员工只占一行，那么工资条的行号和明细表的行号存在一个固定的数学关系，假

设A为工资条行号，B为明细表行号，那么可以得到公式：B=(A+2)/4+1。

图9-37　工资明细表

下面通过INDEX函数公式，将员工的姓名提取出来。

【实例68】获取员工姓名

步骤01打开一个工资表素材文件，切换工作表至"工资条"，如图9-38所示。

图9-38　切换工作表

步骤02选中B2单元格，输入函数公式"=INDEX()"，如图9-39所示。

图9-39　输入函数公式

步骤03将光标移至括号内，切换至"明细表"，选中姓名所在列C列，如图9-40所示。

图9-40　选中姓名所在列C列

步骤04输入第二个参数"（ROW()+2)/4+1"，如图9-41所示。

图9-41　输入第二个参数

步骤05按回车键结束确认，即可获取明细表中第一个员工的姓名，如图9-42所示。

图9-42　获取员工姓名

实例69　获取其他明细

获取员工姓名后，继续应用INDEX函数公式获取其他明细，补全工资条中的信息，下面介绍具体的操作。

【实例69】获取其他明细

步骤01在上一例的基础上，选中F2单元格，在编辑栏输入INDEX函数公式，更改

引用条件列为B列，公式为"=INDEX(明细表!B:B,(ROW()+2)/4+1)"，如图9-43所示。

图9-43　输入函数公式

步骤02按回车键结束确认，即可返回计算结果，如图9-44所示。

图9-44　返回计算结果

步骤03选中F2单元格，在功能区中单击"数字格式"下拉按钮，选择"短日期"选项，如图9-45所示。

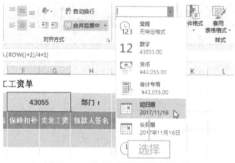

图9-45　选择"短日期"选项

步骤04执行操作后，即可查看获取的"入职日期"信息，如图9-46所示。

图9-46　查看获取的"入职日期"信息

步骤05执行操作后，选中I2单元格，

在编辑栏输入函数公式"=INDEX(明细表!A:A,(ROW()+2)/4+1)"，如图9-47所示。

图9-47　输入函数公式

步骤06按回车键结束确认，即可获取"部门"信息，如图9-48所示。

图9-48　获取"部门"信息

步骤07执行操作后，选中A4：F4单元格，在编辑栏输入函数公式"=INDEX(明细表!D:D,(ROW()+2)/4+1)"，如图9-49所示。

图9-49　输入函数公式

小贴士

　　在"工资条"工作表中，从"基本工资"栏到"保险扣补"栏的顺序与"明细表"中的顺序一致，可以直接批量填充。

步骤08按【Ctrl+Enter】组合键结束确认，即可批量获取薪资信息，如图9-50所示。

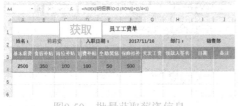

图9-50　批量获取薪资信息

实例70　制作完整的工资单

获取相关信息后，即可计算员工的实发工资，并制作完整的工资单，下面介绍具体的操作步骤。

【实例70】制作完整的工资单

步骤01 选中G4单元格，按【Alt+=】组合键，即可自动求和，如图9-51所示。

图9-51　自动求和

步骤02 按回车键结束确认，即可计算实发工资，如图9-52所示。

图9-52　计算实发工资

步骤03 选中工资单表格区域，下拉拖曳，即可批量获取"明细表"中其他员工的工资信息，制作相应工资条，如图9-53所示。

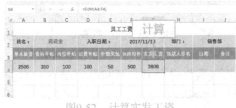

图9-53　制作工资条

9.3 INDIRECT函数：间接引用，制作销售表

INDIRECT函数在Excel中的主要功能是引用单元格中指定的内容。INDIRECT函数的基本功能、语法和参数定义如下。

功能

返回单元格中指定引用的数据内容。

语法

INDIRECT(ref_text,[a1])

定义

ref_text：必需。对指定单元格中数据内容的引用。

a1：可选。为逻辑值，判断指定单元格的引用类型。

下面通过销售表，介绍INDIRECT的具体应用。

实例71 引用销售人员姓名

首先，我们来了解一下Excel中的直接引用。假设在B2单元格中，需要引用A1单元格中的数据，假设A1单元格中的数据为1，在B2单元格中输入公式"=A1"，则返回结果为1，这样的形式，表示直接引用。

下面介绍如何通过INDIRECT函数，在工作表中间接引用单元格中的数据。

【实例71】引用销售人员姓名

视频文件

步骤01打开一个销售表素材文件，切换至工作表1，如图9-54所示。

图9-54 切换至工作表1

步骤02在工作表中，首先分析一下销售人员姓名的所在位置：姓名在B列，B1为表头名称，前三位销售人员姓名的位置为B2：B4。选中I3单元格，在其中输入"B2"，并下拉拖曳至I5单元格，定位姓名所在单元格，如图9-55所示。

图9-55 定位姓名所在单元格

步骤03选中"销售数量"所在的E1单元格，如图9-56所示。

图9-56 选中E1单元格

步骤04在"开始"功能区中，单击"排序和筛选"下拉按钮，在弹出的下拉列表中，选择"降序"选项，如图9-57所示。

图9-57 选择"降序"选项

步骤05执行操作后，即可查看重新排列效果，如图9-58所示。

图9-58 查看重新排列效果

步骤06选中J3单元格，在编辑栏输入函数公式"=INDIRECT()"，如图9-59所示。

步骤07将光标移至括号内，选中I3单元格，如图9-60所示。

步骤08按回车键结束确认，即可通过I3单元格，间接引用B2单元格中的销售人员姓名，如图9-61所示。

图9-59　输入函数公式

图9-60　选中I3单元格

图9-61　引用销售人员姓名

步骤09下拉拖曳至J5单元格，填充公式，即可引用销售数量为前三名的销售人员姓名，如图9-62所示。

图9-62　填充公式

实例72　计算销售达标人数

假设销售目标数量为500，在销售表中，我们可以通过INDIRECT函数、COUNTIF函数以及SUM函数，计算销售数量大于500的人数，如图9-63所示。

编号	销售人员	销售区域	产品类型	销售数量	产品单价	销售金额
100153	王伟	苏州	母婴用品	588	126	74088
100154	李飒	杭州	母婴用品	680	126	85680
100155	张天天	株洲	母婴用品	496	126	62496
100156	陆伍	苏州	母婴用品	268	126	33768
100157	周末	杭州	家庭用品	615	158	97170
100158	苏畅于	株洲	家庭用品	358	158	56564
100159	唐美林	苏州	家庭用品	546	158	86268
100160	曾羽菲	杭州	家庭用品	329	158	51982

销售数量≥500的人数：　　4

图9-63　计算销售数量大于500的人数

下面介绍在销售表中，计算销售达标人数的具体应用。

【实例72】计算销售达标人数

步骤01打开一个销售表素材文件，切换至工作表2，如图9-64所示。

图9-64　切换至工作表2

步骤02选中D11单元格，在编辑栏输入函数公式"=SUM(COUNTIF(INDIRECT({"E2:E9"}),">=500"))"，如图9-65所示。

图9-65　输入函数公式

小贴士

　　在Excel函数公式中，{}是用来定义数组的，可以对定义的数组进行运算。

步骤03按回车键结束确认，即可计算销售数量大于500的人数，如图9-66所示。

图9-66　计算结果

步骤04选中E2：E9单元格，在功能区中单击"条件格式"下拉按钮，在弹出的下拉列表中，选择"突出显示单元格规则"|"大于"选项，如图9-67所示。

步骤05弹出"大于"对话框后，在第一个文本框中输入"500"，如图9-68所示。

步骤06单击"确定"按钮，即可在工作表中标记验证销售达标人数，如图9-69所示。

图9-67　选择相应选项

图9-68　输入"500"

图9-69　标记验证销售达标人数

实例73　跨表提取销售数量

　　我们经常会把每个月的工作报表汇集在一个Excel工作簿文件中，例如，每个月都会生成销售报表，内容基本不会有太多改动，通常都会直接复制副本文件，然后在副本工作表中对每个销售人员当月的销售数量进行更改，最后重命名副本文件即可，如图9-70所示。

　　但是这样的报表肯定不能直接递交给领导，还需要将每个月报表中的数据进行汇总，这就需要建立一个汇总表，然后在汇总表中跨表提取不同月份报表中的数据信息，效果如图9-71所示。

图9-70　月销售报表

图9-71　跨表提取数据效果

　　下面介绍通过VLOOKUP函数和INDIRECT函数组合运用，跨表提取销售数量的具体应用。

【实例73】跨表提取销售数量

视频文件

步骤01 打开一个销售表素材文件，切换至汇总表，如图9-72所示。

图9-72　切换至汇总表

步骤02 选中B2单元格，在编辑栏输入函数公式"=VLOOKUP()"，如图9-73所示。

图9-73　输入函数公式

步骤03 将光标移至括号内，输入第一个条件参数，这里选中B1单元格，按两下【F4】键混合引用，固定行号，如图9-74所示。

图9-74　选中B1单元格

步骤04 第二个参数为数据查找区域，切换至"1月"工作表，选中A：F列，如图9-75所示。

图9-75　选中A：F列

步骤05 因为"销售数量"在第4列，所以第三个参数输入"4"，第四个参数输入"0"，表示精确查找，如图9-76所示。

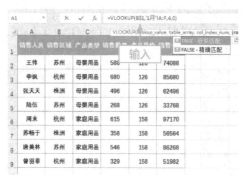

图9-76　输入第三个和第四个参数

步骤06 按回车键结束确认，即可在汇总表中查看计算结果，如图9-77所示。

图9-77　查看计算结果

步骤07 选中B2：I9单元格，应用INDIRECT

函数跨表引用，在编辑栏中将公式修改为"=VLOOKUP(B\$1,INDIRECT("'"&\$A2&"'!A:F"),4,0)"，如图9-78所示。

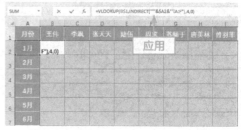

图9-78　应用INDIRECT函数跨表引用

步骤08 按【Ctrl+Enter】组合键，即可批量填充，查看跨表提取销售数量效果，如图9-79所示。

图9-79　查看跨表提取销售数量效果

综合实战篇

第10章　日常：轻松搞定生活难题

第11章　办公：高效工作不用加班

待翻译区

很高兴认识你

我上学快要迟到了

今天的天气真不错

英语翻译成中文

How are you

want to know how to implem

the me and learn

2019年上

2月	3月	4月
2500	2000	4000
		3000
1250	3000	1250
	500	
500		
	5500	

	B	C	D
	地区	销售组	姓名
90001	广东	1组	闻麟	18
190002	广东	2组	曹娥	115
190003	海南	2组	盖衣衣	80
190004	海南	3组	沈黑黑	150
190005	海南	1组	吴静	135
190006	福建	2组	梁田	140
190007	福建	3组	杨和泽	P
008	广东	3组	刘源	
	福建	1组	李昊	
		2组		

单号	商家ID	省	市
18080101	63786303	河南省	南阳市
18080102	63786304	贵州省	遵义市	2
18080103	63786305	湖南省	永州市	20
18080104	63786306	江苏省	苏州市	20
18080105	63786307	河南省	洛阳市	2
18080106	63786308	山西省	临汾市	
080107	63786309	湖南省	长沙市	
108	63786310	黑龙江省	鹤	
	63786311	湖北省		

第10章 日常：轻松搞定生活难题

本章主要讲解我们在日常生活中会遇到的小难题的解决办法，包括批量中英文翻译、自制证件照更换证件照背景颜色、制作随机点名小程序以及制作高颜值的家庭预算表等实操技巧，帮助用户轻松高效处理身边的难题。

10.1 轻松实现批量中英文互译

很多人在办公的时候经常需要大量翻译各种文本文件，现如今，各种翻译软件层出不穷，例如有道词典、百度翻译等，但是逐个去翻译软件里查挺麻烦，下面介绍应用函数在Excel表格内对单元格中的内容直接进行翻译的方法，批量实现中英文翻译，效果如图10-1所示。

待翻译区	翻译结果
很高兴认识你	Nice to meet you
我上学快要迟到了	I was going to be late for school
今天的天气真不错	The weather is good today
英语翻译成中文	English translated into Chinese
How are you	你好
Do you want to know how to implement this	你想知道如何实现吗
Subscribe me and learn with me	订阅我和我一起学习

图10-1　批量翻译效果

实例74　使用WEBSERVICE函数调用有道词典

在Excel中，WEBSERVICE函数可以计算服务器结果，能获取XML格式的数据内容。WEBSERVICE函数的基本功能、语法和参数定义如下。

功能
返回网络上的Web服务数据。
语法
WEBSERVICE(url)
定义
url：Web服务的URL。

应用WEBSERVICE函数，在Excel工作表中通过网页链接可以调用有道词典，对需要翻译的办公文本文件进行翻译，不需要编写长长的宏代码，只要电脑连接网络就可以应用。

实例75　使用FILTERXML函数返回需要的翻译数据

FILTERXML函数是网络类函数之一，如果说WEBSERVICE函数的主要功能是获取网络上的数据和XML格式的内容，那么FILTERXML函数的主要功能就是解析XML格式中的内容，并从中获取格式路径下的信息。FILTERXML函数的基本功能、语法和参数定义如下。

功能

使用指定的XPath从XML内容返回特定数据。

语法

FILTERXML(xml,xpath)

定义

xml：需要指定目标xml格式文本。有效XML格式中的字符串。

xpath：需要查询的目标数据在xml中的标准路径。标准XPath格式字符串。

下面通过实例介绍使用FILTERXML函数返回需要的翻译数据的具体应用。

【实例75】使用FILTERXML函数返回需要的翻译数据

视频文件

步骤01 打开一个素材文件，如图10-2所示。

图10-2　打开素材文件

步骤02 选中A10单元格，并按【Ctrl+C】复制单元格中的内容，如图10-3所示。

图10-3　复制单元格中的内容

步骤03 选中B2单元格，在编辑栏输入"="，然后按【Ctrl+V】粘贴复制的内容，如图10-4所示。

图10-4　粘贴复制的内容

步骤04 按回车键结束，即可查看翻译结果，如图10-5所示。

图10-5　查看翻译结果

步骤05 单击单元格右下角，并下拉拖曳至B8单元格，即可实现批量中英文互译，如图10-6所示。

图10-6　批量中英文互译

10.2　更换证件照背景颜色

在实际工作和生活中，我们常常需要把白底证件照更改为蓝底或红底，如图10-7所示。曾几何时，会换照片背景也是一门高大上的技术，如果不会PS，还得找人帮忙。学会下面这招，以后再也不用麻烦别人了。

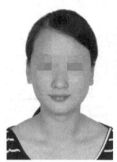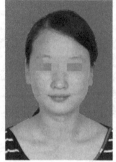

图10-7　更换证件照背景颜色

实例76　背景消除准备

在Excel中，更换证件照背景，需要删除原证件照中的背景颜色。下面详细介绍使用Excel删除工作证件照背景颜色的准备操作。

【实例76】背景消除准备

视
频
文
件

步骤01 在Excel中打开一个素材文件，这里选取的是一张非常普通的白色背景的证件照片，如图10-8所示。

步骤02 单击图片，选中相应图片，如图10-9所示。

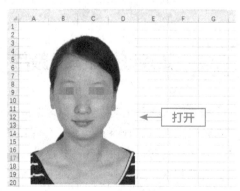

图10-8　打开素材文件

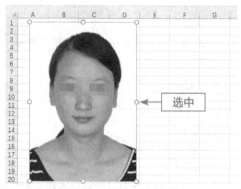

图10-9　选中相应图片

步骤03 在菜单栏中，单击"图片工具"|"格式"命令，展开"格式"功能区面板，如图10-10所示。

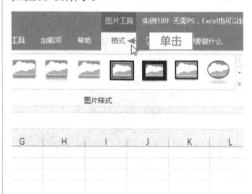

图10-10　单击"图片工具"|"格式"命令

步骤04 执行操作后，单击"删除背景"按钮，如图10-11所示。

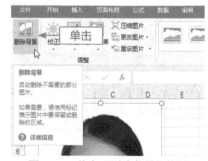

图10-11　单击"删除背景"按钮

实例77　选择保留区域

在Excel中，消除证件照背景颜色的

前期准备工作做好后，选择证件照中的需要保留的区域，下面介绍详细操作步骤。

【实例77】选择保留区域

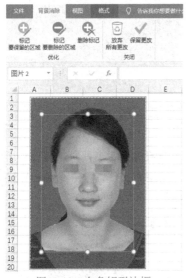

步骤01 进入"背景消除"窗口，图片中会显示一个白色的矩形边框，如图10-12所示。

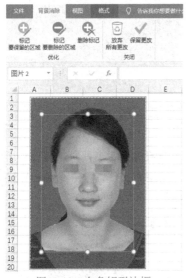

图10-12　白色矩形边框

步骤02 选取边框上方的控制柄，将其拖曳至图片最上方，如图10-13所示。

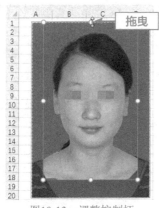

图10-13　调整控制柄

步骤03 单击"标记要保留的区域"按钮；将鼠标移至人物的脖子区域，按住鼠标左键并拖曳至图片左下角，如图10-14所示。

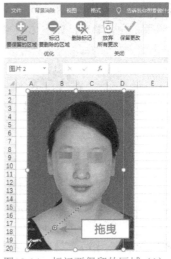

图10-14　标记要保留的区域（1）

步骤04 用同样的方法，使用"标记要保留的区域"功能在人物脖子区域向右下角拖曳，如图10-15所示。

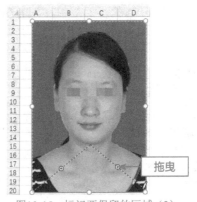

图10-15　标记要保留的区域（2）

实例78 填充颜色

执行上述操作后，即可在前面两个案例的基础上进行证件照背景颜色的填充等操作，下面介绍详细操作步骤。

【实例78】填充颜色

视频文件

步骤01 单击"保留更改"按钮返回，即可删除证件照的白色背景，如图10-16所示。

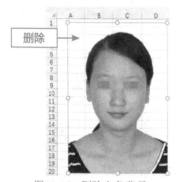

删除 →

图10-16　删除白色背景

步骤02 切换至"开始"面板，单击"填充颜色"按钮，在弹出的菜单中选择一个颜色即可，如证件照常用的红色，执行操作后，即可更改证件照的背景颜色，如图10-17所示。

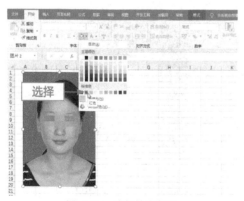

选择

图10-17　选择填充颜色

10.3 制作随机点名小程序

在Excel工作表中，通过控件按钮和VBA代码，可以制作随机点名小程序，只要名单上有的名字，就不需要你再拿着花名册逐个点名了，Excel就能当你的智能小帮手，效果如图10-18所示。

图10-18　随机点名效果

实例79 输入随机代码

制作随机点名小程序，需要利用VBA代码，启用宏文件，下面介绍在VBA编辑器中输入随机代码的操作。

【实例79】输入随机代码

视频文件

步骤01 打开一个随机点名表素材文件，如图10-19所示。

	A	B
1	姓名	出勤情况
2	刘昱	
3	拿全全	
4	温清华	
5	白絮	
6	曾恬恬	
7	王雨婷	
8	高子明	
9	林可	
10	陆芸	
11	李东	
12	周鹿	

图10-19　打开素材文件

步骤**02**单击"开发工具"菜单，展开相应功能区，单击Visual Baslc图标按钮，如图10-20所示。

图10-20　单击相应按钮

步骤**03**执行上述操作后，即可打开VBA编辑器窗口，在左侧的"工程"资源管理器窗口中，双击"Sheet1"选项，展开代码窗口面板，如图10-21所示。

步骤**04**输入图10-22所示的代码。

图10-21　双击"Sheet1"选项

图10-22　复制记事本中的代码文件

步骤**05**执行操作后，单击"保存"按钮，如图10-23所示。

图10-23　单击"保存"按钮

步骤**06**弹出信息提示框后，单击"否"按钮，如图10-24所示。

步骤**07**弹出"另存为"对话框后，设置"保存类型"为"Excel启用宏的工作簿（*.xlsm）"选项，如图10-25所示。

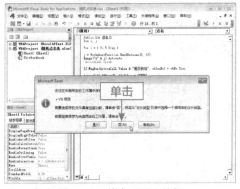

图10-24　单击"否"按钮

图10-25　设置"保存类型"

步骤08单击"保存"按钮，如图10-26所示，即可返回工作表。

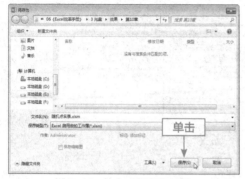

图10-26　单击"保存"按钮

实例80　插入点名按钮

代码输入完成后，需要在工作表中插入一个点名按钮，单击按钮，即可进行随机点名。下面介绍插入按钮的具体操作方法。

【实例80】插入点名按钮
视频文件

步骤01在上一例的基础上，单击"开发工具"菜单，展开相应功能区，单击"插入"下拉按钮，在弹出的下拉列表中选择"按钮"选项图标，如图10-27所示。

图10-27　选择"按钮"选项图标

步骤02在名单右侧的空白位置处，绘制一个控件按钮，弹出"指定宏"对话框，如图10-28所示。

图10-28　弹出"指定宏"对话框

步骤03在列表框中，选择"Sheet1.点名"选项，单击"确定"按钮，如图10-29所示。

步骤04在工作表中，可以查看插入的控件按钮，如图10-30所示。

图10-29　选择相应选项

图10-30　查看插入的控件按钮

步骤05选中按钮，并更改名称为"点名"，如图10-31所示。

图10-31　更改名称为"点名"

步骤06在"开始"功能区中，设置"字号"为20，如图10-32所示。

步骤07执行上述操作后，即可完成点名按钮的制作。在工作表中，单击"点名"按钮，如图10-33所示。

图10-32　设置"字号"为20

图10-33　单击"点名"按钮

步骤08弹出相应对话框，在对话框中显示了随机点到的姓名，如图10-34所示。

图10-34　弹出相应对话框

步骤09单击"是"按钮，表示未缺勤，出勤情况单元格中显示为空白；单击"否"按钮，则表示缺勤，出勤情况单元格中显示"缺勤"二字，效果如图10-35所示。

图10-35　查看效果

10.4 制作家庭预算表

图10-36所示是一个家庭半年的支出预算明细表，可以用一个动态条形图来展示每个月的支出明细，如图10-37所示，用概况表现家庭当月的现金流，能非常清晰地看出家庭每月的现金流，用好这个表格，能更好帮你理财！

2019年上半年预算						
日常生活	1月	2月	3月	4月	5月	6月
日用杂货	3450	2500	2000	4000	3500	2500
服饰	3000			3000		
在外就餐	1250	1250	3000	1250	1250	2000
美容/理发	250		500		250	
其他		500				600
日常生活 总额	7950	4250	5500	8250	5000	5100

图10-36 支出预算明细表

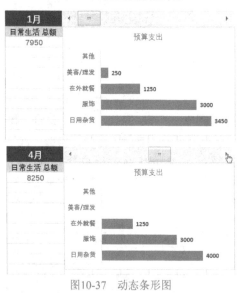

图10-37 动态条形图

实例81 制作滚动条

制作一个完整的、美观的家庭预算表，首先需要在工作表中制作一个滚动条，并链接单元格，制作联动动态效果，下面介绍具体的操作步骤。

【实例81】制作滚动条

步骤01 打开一个家庭预算表素材文件，如图10-38所示。

图10-38 打开素材文件

步骤02 单击"开发工具"菜单，展开相应功能区，如图10-39所示。

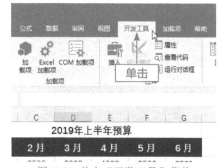

图10-39 单击"开发工具"菜单

步骤03 单击"插入"下拉按钮，在弹出的下拉列表中，选择"滚动条"窗体控件，如图10-40所示。

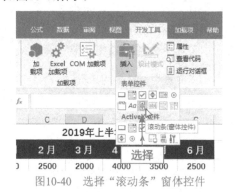

图10-40 选择"滚动条"窗体控件

步骤04在工作表的B10：G10单元格中绘制一个滚动条，如图10-41所示。

图10-41　绘制一个滚动条

步骤05选中滚动条，单击鼠标右键，在弹出的快捷菜单中，选择"设置控件格式"选项，如图10-42所示。

图10-42　选择"设置控件格式"选项

步骤06弹出"设置控件格式"对话框后，切换至"控制"选项卡，如图10-43所示。

图10-43　弹出"设置控件格式"对话框

步骤07设置"当前值"为1、最小值为1、最大值为6，如图10-44所示。

图10-44　设置各参数

步骤08将鼠标移至"单元格链接"文本框中，在工作表中引用A10单元格，设置A10单元格为滚动条链接，如图10-45所示。

图10-45　引用A10单元格

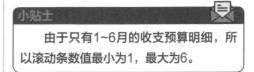

小贴士

　　由于只有1~6月的收支预算明细，所以滚动条数值最小为1，最大为6。

步骤09单击"确定"按钮，即可在工作表中查看链接效果，如图10-46所示。

图10-46　查看链接效果

实例82　制作动态数据区域

滚动条制作完成后，下面通过"定义名称"功能定义并应用名称，建立动态数据区域。

【实例82】制作动态数据区域

视频文件

步骤01 单击"公式"菜单，如图10-47所示。

图10-47　单击"公式"菜单

步骤02 在"定义的名称"选项区中，单击"定义名称"按钮，如图10-48所示。

图10-48　单击"定义名称"按钮

步骤03 执行操作后，弹出"新建名称"对话框，如图10-49所示。

图10-49　弹出"新建名称"对话框

步骤04 设置"名称"为"预算支出"，如图10-50所示。

图10-50　设置"名称"

步骤05 在下方的"引用位置"文本框中，输入公式"=OFFSET(Sheet1!$A$3:$G$7,,Sheet1! $A$10,,1)"，如图10-51所示。

图10-51　输入公式

步骤06 单击"确定"按钮，返回工作表，选中A11单元格，输入"=A8"，如图10-52所示。

图10-52　输入"=A8"

步骤07 按回车键结束确认，即可引用A8单元格，如图10-53所示。

图10-53 引用A8单元格

步骤08 选中A12单元格，在编辑栏输入函数公式"=VLOOKUP(A11,$A$2:$G$8,MATCH(A10,$A$2:$G$2,0),0)"，如图10-54所示。

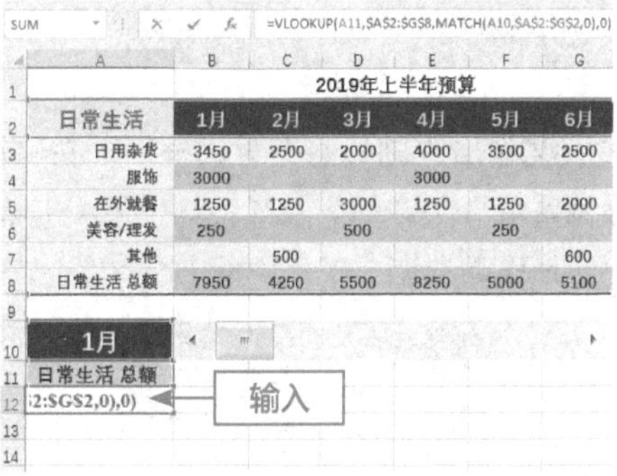

图10-54 输入函数公式

步骤09 按回车键结束确认，即可返回每月的支出预算总额，如图10-55所示。

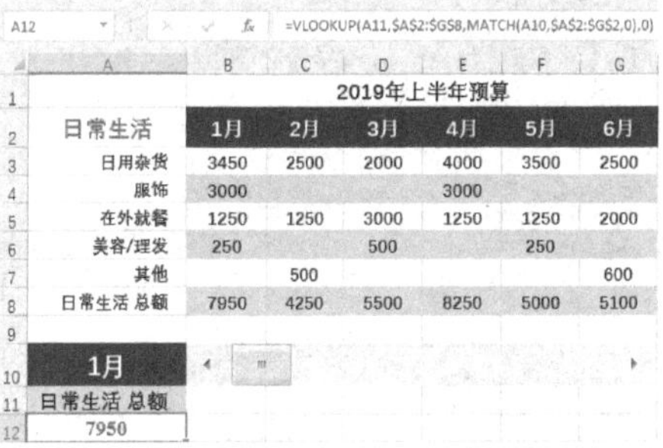

图10-55 返回每月的支出预算总额

小贴士

在操作过程中，为了方便函数公式的计算，工作表中月份所属单元格中输入的是数字1、2、3……，通过设置"设置单元格格式"对话框中的"自定义"类型为"G/通用格式月"，工作表中月份所属单元格即可显示为1月、2月、3月……

实例83 制作动态条形图

滚动条和动态数据区域制作完成后，接下来就要制作动态条形图了，下面介绍具体应用。

【实例83】制作动态条形图

步骤01 在"插入"功能区中，单击"插入柱形图或条形图"下拉按钮，如图10-56所示。

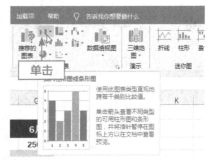

图10-56 单击相应按钮

步骤02 在弹出的下拉列表中，选择"簇状条形图"选项图标，如图10-57所示。

图10-57 选择"簇状条形图"选项图标

步骤03 执行操作后，即可插入一个空白图形，如图10-58所示。

步骤04 单击鼠标右键，在弹出的快捷菜单中，选择"选择数据"选项，如图10-59所示。

图10-58　插入一个空白图形

图10-59　选择"选择数据"选项

步骤05弹出"选择数据源"对话框后，单击"添加"按钮，如图10-60所示。

图10-60　单击"添加"按钮

步骤06弹出"编辑数据系列"对话框后，在其中设置"系列名称"为"预算支出"，如图10-61所示。

图10-61　设置"系列名称"

步骤07在"系列值"中输入动态数据定义名称"=家庭预算表.xlsx!预算支出"，如图10-62所示。

步骤08单击"确定"按钮，返回上一个对话框，单击"水平（分类）轴标签"区域下方的"编辑"按钮，如图10-63所示。

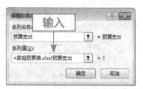

图10-62　输入动态数据定义名称

图10-63　单击"编辑"按钮

步骤09弹出"轴标签"对话框后，在"轴标签区域"下方的文本框中，引用A3：A7单元格中的数据，如图10-64所示。

图10-64　引用A3：A7单元格中的数据

步骤10单击"确定"按钮，返回上一个对话框，即可更改替换轴标签名字，如图10-65所示。

图10-65　更改替换轴标签名字

步骤11单击"确定"按钮，返回工作表，即可查看插入的图表，如图10-66所示。

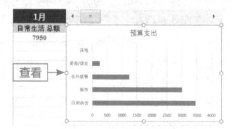

图10-66　查看图表效果

步骤12 选中垂直坐标轴，在"开始"功能区中，设置字体为"加粗"、字号为12，效果如图10-67所示。

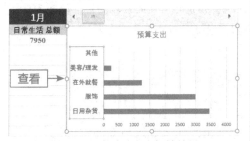

图10-67　查看垂直坐标轴效果

步骤13 选中水平坐标轴，按【Delete】键删除，如图10-68所示。

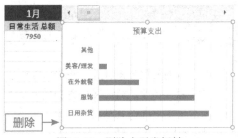

图10-68　删除水平坐标轴

步骤14 单击条形图右侧的"图表元素"按钮，在弹出的列表框中，选中"数据标签"复选框，如图10-69所示。

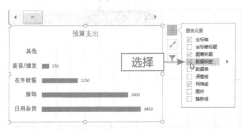

图10-69　选中"数据标签"复选框

步骤15 在条形图中选中添加的数据标签，在"开始"功能区中，设置字体为"加粗"、字号为12，效果如图10-70所示。

步骤16 双击图表中蓝色的系列图柱，打开"设置数据点格式"选项卡，如图10-71所示。

步骤17 设置"间隙宽度"为60%，如图10-72所示。

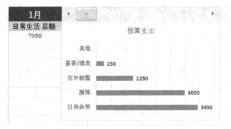

图10-70　设置数据标签效果

图10-71　打开"设置数据点格式"选项卡

图10-72　设置"间隙宽度"为60%

步骤18 执行上述操作后，动态条形图即制作完成，拖曳滚动条中的滑块或单击滚动条左右两端的按钮，即可切换至下一个月的预算支出图表，效果如图10-73所示。

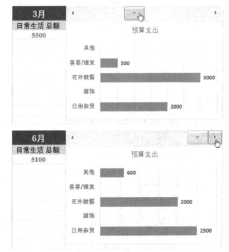

图10-73　动态条形图效果

本章主要讲解商业办公综合实战应用，注重知识与实例的合理安排，精选了日常生活和工作中比较实用的典型案例，帮助用户通过实例的学习，更深入、更有效地提升实际工作能力。

省份	首重运费	续重单价		计算方法	单位/kg
广东	5	1		首重	1
江苏	5	3		低于首重	运费=首重运费
浙江	5	3		高于首重	运费=首重运费+续重*续重单价
上海	5	3			例如：2.1kg，首重=1kg，
安徽	5	3		续重只计算整数	续重=2.1-1=1.1，向上取整为2kg
福建	5	3			
湖北	5	3			
江西	5	3			
湖南	5	3			
广西	5	3			
北京	5	4			
天津	5	4			
山东	5	4			

					快递运费报表				
序号	订单号	商家ID	省	市	下单时间	扫描时间	重量	运费
1	18080101	63786	河南省	南阳市	2018-8-1 10:31:25	2018-8-1 19:57:17	2.38	16
2	18080102	63786	贵州省	遵义市	2018-8-1 10:57:19	2018-8-1 19:57:17	1.02	15
3	18080103	63786	湖南省	永州市	2018-8-1 10:57:19	2018-8-1 19:57:17	1.94	13
4	18080104	63786	江苏省	苏州市	2018-8-1 10:57:19	2018-8-1 19:57:17	1.02	11
5	18080105	63786	河南省	洛阳市	2018-8-1 10:57:19	2018-8-1 19:59:16	1	10
6	18080106	63786	山西省	龟汾市	2018-8-1 10:57:20	2018-8-1 19:59:16	0.14	10
7	18080107	63786	湖南省	长沙市	2018-8-1 10:57:32	2018-8-1 19:57:17	1.02	13
8	18080108	63786	黑龙江省	鹤岗市	2018-8-1 10:57:32	2018-8-1 20:00:04	1.02	16
9	18080109	63786	湖北省	黄冈市	2018-8-1 10:57:32	2018-8-1 19:59:16	0.12	10

11.1 计算快递运费

做微商、电商的用户应该都会跟一些快递公司进行长期的、稳定的合作。一般情况下会采取日结、周结、月结这三种方式来结算快递费用，我们可以通过Excel工作表来记录寄件信息，然后通过运费标准表来计算快递运费，效果如图11-1所示。

省份	首重运费	续重单价		计算方法	单位/kg
广东	5	1		首重	1
江苏	5	3		低于首重	运费=首重运费
浙江	5	3		高于首重	运费=首重运费+续重*续重单价
上海	5	3			例如：2.1kg，首重=1kg，
安徽	5	3		续重只计算整数	续重=2.1-1=1.1，向上取整为2kg
福建	5	3			
湖北	5	3			
江西	5	3			
湖南	5	3			
广西	5	3			
北京	5	4			
天津	5	4			
山东	5	4			

					快递运费报表				
序号	订单号	商家ID	省	市	下单时间	扫描时间	重量	运费
1	18080101	63786303	河南省	南阳市	2018-8-1 10:31:25	2018-8-1 19:57:17	2.38	16
2	18080102	63786304	贵州省	遵义市	2018-8-1 10:57:19	2018-8-1 19:57:17	1.02	15
3	18080103	63786305	湖南省	永州市	2018-8-1 10:57:19	2018-8-1 19:57:17	1.94	13
4	18080104	63786306	江苏省	苏州市	2018-8-1 10:57:19	2018-8-1 19:57:17	1.02	11
5	18080105	63786307	河南省	洛阳市	2018-8-1 10:57:19	2018-8-1 19:59:16	1	10
6	18080106	63786308	山西省	临汾市	2018-8-1 10:57:20	2018-8-1 19:59:16	0.14	10
7	18080107	63786309	湖南省	长沙市	2018-8-1 10:57:32	2018-8-1 19:57:17	1.02	13
8	18080108	63786310	黑龙江省	鹤岗市	2018-8-1 10:57:32	2018-8-1 20:00:04	1.02	16
9	18080109	63786311	湖北省	黄冈市	2018-8-1 10:57:32	2018-8-1 19:59:16	0.12	10

图11-1 快递运费计算效果

实例84 将快递运费表定义为名称

为了方便应用公式计算，我们可以通过"定义名称"功能，将快递运费标准表定义为名称，接下来介绍具体操作应用。

【实例84】将快递运费表定义为名称

视频文件

步骤01 打开一个运费计算表素材文件，切换至"运费"工作表，如图11-2所示，在其中可以查看快递运费标准。

图11-2 切换至"运费"工作表

步骤02在工作表中，选中A1：A32单元格，如图11-3所示。

图11-3　选中A1：A32单元格

步骤03单击"公式"菜单，在"定义的名称"选项区中，单击"根据所选内容创建"按钮，如图11-4所示。

图11-4　单击"根据所选内容创建"按钮

步骤04弹出"根据所选内容创建名称"对话框后，选择"首行"复选框，如图11-5所示。

图11-5　选择"首行"复选框

步骤05单击"确定"按钮，即可根据所选区域首行中的名称，命名所选区域，在功能区中单击"名称管理器"按钮，如图11-6所示。

步骤06弹出"名称管理器"对话框后，在列表框中可以查看新建的定义名称，如图11-7所示。

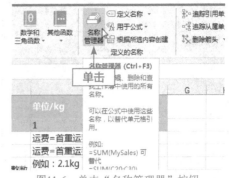

图11-6　单击"名称管理器"按钮

图11-7　弹出"名称管理器"对话框

步骤07用同样的方法，选中B1：B32单元格，新建一个"首重运费"定义名称，在"名称管理器"对话框中可以查看，如图11-8所示。

图11-8　新建一个"首重运费"定义名称

步骤08继续使用同样的方法，选中C1：C32单元格，新建一个"续重单价"定义名称，在"名称管理器"对话框中可以查看，如图11-9所示。

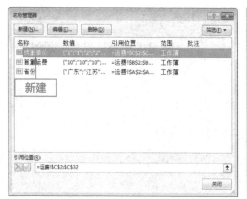

图11-9 新建一个"续重单价"定义名称

实例85 在快递运费报表中输入公式

将快递运费表定义为名称后，即可应用定义的名称，在快递明细表中计算快递运费，运算完成后，用户可以将工作表打印出来，跟快递员核对账单，该方法同样适用于快递员计算每天的揽件统计，下面介绍具体的应用。

【实例85】在快递运费报表中输入公式

视频文件

步骤01 切换至"明细"工作表，如图11-10所示。

图11-10 切换至"明细"工作表

步骤02 选中I3单元格，在编辑栏输入LOOKUP函数公式，查找引用定义名称，公式为："=LOOKUP(1,0/SEARCH(省份,D3),首重运费)+LOOKUP(1,0/SEARCH(省份,D3),续重单价)*(ROUNDUP(H3,0)-运费!$F$2)"，如图11-11所示。

图11-11 输入函数公式

步骤03 按回车键结束确认，即可计算出运费，如图11-12所示。

图11-12 计算结果

步骤04 选中I3单元格，单击右下角并下拉拖曳至I11单元格，即可批量填充公式，计算快递运费，如图11-13所示。

图11-13 计算快递运费

11.2 制作企业工资条

第9章我们讲解过如何应用INDEX函数制作员工工资条，主要是通过函数公式跨表调用数据，下面介绍一个比较简单的制作企业工资条的方法，效果如图11-14所示，能帮助用户减轻工作负担，达到事半功倍的效果。

部门	入职时间	姓名	基本薪资	食宿补贴	话费补贴	全勤奖惩	实发工资	领款人签名
销售部	2017/11/16	朱迪	3000	350	100	50	3500	

部门	入职时间	姓名	基本薪资	食宿补贴	话费补贴	全勤奖惩	实发工资	领款人签名
销售部	2018/03/03	罗卡	3500	350	100	0	3950	

部门	入职时间	姓名	基本薪资	食宿补贴	话费补贴	全勤奖惩	实发工资	领款人签名
业务部	2018/01/06	马丽	7500	350	100	50	8000	

部门	入职时间	姓名	基本薪资	食宿补贴	话费补贴	全勤奖惩	实发工资	领款人签名
业务部	2018/02/07	乔安	6000	350	100	0	6450	

| 人事部 | 2018/02/27 | 朱莉 | 3500 | 350 | 100 | -10 | 3940 | |

部门	入职时间	姓名	基本薪资	食宿补贴	话费补贴	全勤奖惩	实发工资	领款人签名
设计部	2018/03/03	李娜	7800	350	100	50	8300	

部门	入职时间	姓名	基本薪资	食宿补贴	话费补贴	全勤奖惩	实发工资	领款人签名
设计部	2018/02/17	张烨	4500	350	100	0	4950	

图11-14　企业工资条效果

实例86　添加辅助列

在Excel中制作企业工资条，首先需要添加辅助列，通过辅助列可以创建制表的前提条件，下面介绍在工作表中添加辅助列的具体操作。

【实例86】添加辅助列

步骤01 打开一个企业工资表素材文件，切换至工作表1，如图11-15所示。

	A	B	C	D	E	F	G	H	I
1	部门	入职时间	姓名	基本薪资	食宿补贴	话费补贴	全勤奖惩	实发工资	领款人签名
2	销售部	2017/11/16	朱迪	3000	350	100	50	3500	
3	销售部	2018/03/03	罗卡	3500	350	100	0	3950	
4	业务部	2018/01/06	马丽	7500	350	100	50	8000	
5	业务部	2018/02/07	乔安	6000	350	100	0	6450	
6	人事部	2018/02/27	朱莉	3500	350	100	-10	3940	
7	设计部	2018/03/03	李娜	7800	350	100	0	8300	
8	设计部	2018/02/17	张烨	4500	350	100	0	4950	

图11-15　打开素材文件

步骤02 在工作表中，选中J2单元格，并输入数字"1"，如图11-16所示。

步骤03 按【Ctrl】键的同时，下拉拖曳单元格右下角至J8单元格，生成数字系列，如图11-17所示。

步骤04 复制生成的数字系列，在J9单元

格中粘贴，工作表中的辅助列即可添加完成，如图11-18所示。

图11-16　输入数字"1"

图11-17　生成数字系列

	A	B	C	D	E	F	G	H	I	J
1	部门	入职时间	姓名	基本薪资	食宿补贴	话费补贴	全勤奖惩	实发工资	领款人签名	
2	销售部	2017/11/16	朱迪	3000	350	100	50	3500		1
3	销售部	2018/03/03	罗卡	3500	350	100	0	3950		2
4	业务部	2018/01/06	马丽	7500	350	100	50	8000		3
5	业务部	2018/02/07	乔安	6000	350	100	0	6450		4
6	人事部	2018/02/27	朱莉	3500	350	100	-10	3940		5
7	设计部	2018/03/03	李娜	7800	350	100	50	8300		6
8	设计部	2018/02/17	张烨	4500	350	100	0	4950		7
9										1

图11-18　粘贴数字系列

实例87　重新排序

辅助列添加完成后，在上一例的基础上，可以利用辅助列在工作表中重新排序，这里应用了Excel中的"排序"功能，下面介绍具体的操作方法。

【实例87】重新排序

步骤01 在工作表中，选中并复制A1：I1单元格，如图11-19所示。

图11-19　复制A1：I1单元格

步骤02 选中A9：I15单元格，按【Ctrl+V】组合键，粘贴复制的表头，如图11-20所示。

图11-20　粘贴复制的表头

步骤03 选中整个工作表，调整行高为26.25，如图11-21所示。

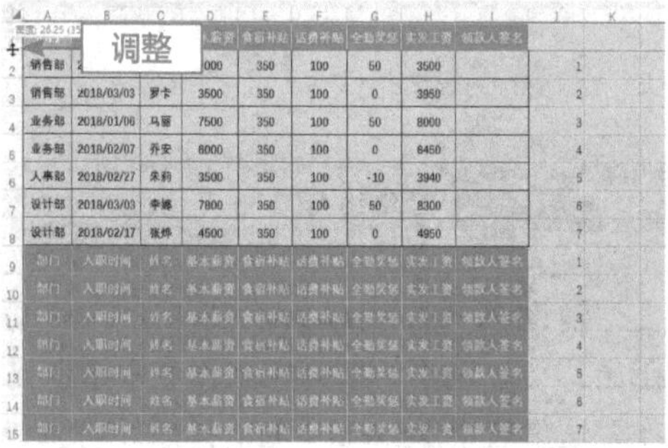

图11-21　调整行高

步骤04 选中J1单元格，单击功能区中的"排序和筛选"下拉按钮，在弹出的下拉列表中，选择"升序"选项，如图11-22所示。

步骤05 执行操作后，即可在工作表中重新排序，效果如图11-23所示，然后将工作表中的辅助列和最后一行中多出来的表头删除，并为工作表添加边框，即可完成工资条的制作。

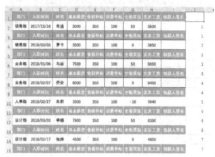

图11-22　选择"升序"选项

图11-23　重新排序效果

实例88　复制后定位空行

除了应用排序的方法外，通过"定位"功能定位空白行的方法，也可以快速制作工资条，这里同样需要用到辅助列，下面介绍具体的操作方法。

【实例88】复制后定位空行

步骤01 打开素材文件，切换至工作表2，如图11-24所示。

图11-24　切换至工作表2

步骤02选中J3单元格，输入数字"1"，如图11-25所示。

A	B	C	D	E	F	G	H	I	J
部门	入职时间	姓名	基本薪资	食宿补贴	话费补贴	全勤奖励	实发工资	领款人签名	
销售部	2017/11/16	朱迪	3000	350	100	50	3500		
销售部	2018/03/03	罗卡	3500	350	100				1
业务部	2018/01/06	马丽	7500	350	100	50	8000		
业务部	2018/02/07	乔安	6000	350	100		6450		
人事部	2018/02/27	朱莉	3500	350	100	-10	3940		
设计部	2018/03/03	李娜	7800	350	100	50	8300		
设计部	2018/02/17	张烨	4500	350	100	0	4950		

图11-25　输入数字"1"

步骤03选中J3：J4单元格，然后下拉拖曳至J8单元格，即可建立一列隔行的连续数字系列，如图11-26所示。

A	B	C	D	E	F	G	H	I	J
部门	入职时间	姓名	基本薪资	食宿补贴	话费补贴	全勤奖励	实发工资	领款人签名	
销售部	2017/11/16	朱迪	3000	350	100	50	3500		
销售部	2018/03/03	罗卡	3500	350	100		3950		1
业务部	2018/01/06	马丽	7500	350	100	50	8000		
业务部	2018/02/07	乔安	6000	350	100				2
人事部	2018/02/27	朱莉	3500	350	100				
设计部	2018/03/03	李娜	7800	350	100		8300		3
设计部	2018/02/17	张烨	4500	350	100	0	4950		

图11-26　建立一列隔行的连续数字系列

步骤04复制J3：J8单元格，选中K4单元格，按【Ctrl+V】组合键粘贴数字系列，如图11-27所示。

A	B	C	D	E	F	G	H	I	J	K
部门	入职时间	姓名	基本薪资	食宿补贴	话费补贴	全勤奖励	实发工资	领款人签名		
销售部	2017/11/16	朱迪	3000	350	100	50	3500			
销售部	2018/03/03	罗卡	3500	350	100		3950		1	
业务部	2018/01/06	马丽	7500	350	100	50	8000			1
业务部	2018/02/07	乔安	6000	350	100		6450		2	
人事部	2018/02/27	朱莉	3500	350	100	-10				2
设计部	2018/03/03	李娜	7800	350	100		8300		3	
设计部	2018/02/17	张烨	4500	350	100	0	4950			3

图11-27　粘贴数字系列

步骤05选中J3：K8单元格，按【Ctrl+G】组合键，弹出"定位"对话框后，单击"定位条件"按钮，如图11-28所示。

图11-28　单击"定位条件"按钮

步骤06弹出"定位条件"对话框后，选中"空值"单选按钮，如图11-29所示。

图11-29　选中"空值"单选按钮

步骤07单击"确定"按钮，在工作表中单击鼠标右键，在弹出的快捷菜单中选择"插入"选项，如图11-30所示。

图11-30　选择"插入"选项

步骤08弹出"插入"对话框后，选中"整行"单选按钮，如图11-31所示。

图11-31　选中"整行"单选按钮

步骤09单击"确定"按钮，即可在工作表中的每一行数据下方都插入一行空白行，选中并复制A1：I1单元格，如图11-32所示。

步骤10用与上同样的方法，选中A1：A14单元格，定位空行，并按【Ctrl+V】组合键粘贴表头，删除辅助列，即可完成工资条的制作，效果如图11-33所示。

图11-32　选中并复制A1：I1单元格

图11-33　工资条制作效果

11.3　制作二维码名片

现如今，随着网络信息时代的不断发展，二维码的使用率越来越高了。在我们的日常生活和工作中，二维码出现得越来越频繁，比如扫一扫付款、扫一扫加关注、扫一扫投票、扫一扫领红包、扫一扫加好友等。下面介绍二维码名片的制作方法。

实例89　调出开发工具选项卡

新建一个Excel工作簿，在工作簿的菜单栏中，"开发工具"菜单是处于隐藏状态的，用户如果需要使用"宏"插入控件按钮，或通过Visual Basic图标按钮打开

VBA编辑器等操作，就需要在"开发工具"功能区执行。下面介绍如何使"开发工具"显示在菜单栏中。

【实例89】调出开发工具选项卡
视频文件

步骤01打开一个工作表，单击"文件"|"选项"命令，弹出"Excel选项"对话框，如图11-34所示。

图11-34　弹出"Excel选项"对话框

步骤02选择"自定义功能区"选项，展开"自定义功能区"面板，在"主选项卡"选项区中，选中"开发工具"复选框后，单击"确定"按钮即可，如图11-35所示。

图11-35　选中"开发工具"复选框

如果用户不需要运用"开发工具"选项卡中的功能，也可以执行同样的操作，取消选中"开发工具"复选框，即可使"开发工具"不显示在菜单栏中。

实例90 绘制条形码

绘制二维码前，首先需要通过"开发工具"选项卡中的控件，绘制一个条形码，下面介绍绘制条形码的具体操作。

【实例90】绘制条形码

步骤01新建一个空白工作表，单击"开发工具"|"插入"按钮，弹出下拉列表，如图11-36所示。

图11-36 单击"插入"按钮

步骤02 在弹出的下拉列表中，选择"其他控件"图标按钮，如图11-37所示。

图11-37 选择"其他控件"图标按钮

弹出"其他控件"对话框，如图11-38所示。

图11-38 弹出"其他控件"对话框

步骤03向下滚动鼠标滑轮，在对话框中选择"Micrsoft BarCode Control 16.0"选项，如图11-39所示。

图11-39 选择相应选项

步骤04单击"确定"按钮，在工作表的空白位置处绘制一个条形码，如图11-40所示。

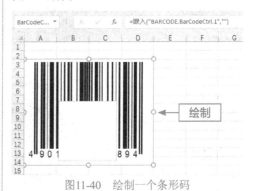

图11-40 绘制一个条形码

实例91 转换条形码为二维码

条形码绘制完成后，即可在上一例

的基础上，通过属性设置，将绘制的条形码转换为二维码，下面介绍具体的操作步骤。

【实例91】转化条形码为二维码

视频文件

步骤01 选中绘制的条形码，单击鼠标右键，在弹出的快捷菜单中，选择"Micrsoft BarCode Control 16.0对象" | "属性"选项，如图11-41所示。

图11-41　选择"属性"选项

步骤02 执行上述操作后，弹出"Micrsoft BarCode Control 16.0属性"对话框，如图11-42所示。

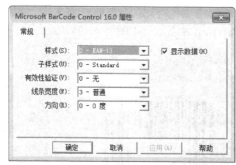

图11-42　弹出相应对话框

步骤03 单击"样式"右侧的下拉按钮，在弹出的下拉列表中，选择"11-QR Code"选项，如图11-43所示。

步骤04 单击"应用"按钮，即可应用设置，如图11-44所示。

步骤05 单击"确定"按钮，即可返回工作表，在工作表中，可以查看由条形码转换而来的二维码，如图11-45所示。

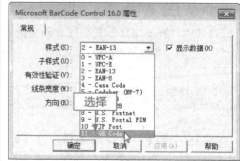

图11-43　选择"11-QR Code"选项

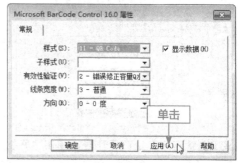

图11-44　单击"应用"按钮

图11-45　查看二维码

实例92　设置二维码链接属性

转换后的二维码是无效的，需要对其进行属性链接，才能生成我们需要的二维码，下面介绍设置二维码链接属性的具体操作。

【实例92】设置二维码链接属性

步骤01选中A1单元格，在其中输入一个数据信息或网址链接等，如图11-46所示。

图11-46 输入信息或网址链接

步骤02在二维码上单击鼠标右键，在弹出的快捷菜单中选择"属性"选项，如图11-47所示。

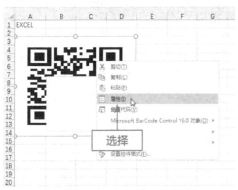

图11-47 选择"属性"选项

弹出"属性"对话框，如图11-48所示。

步骤03在LinkedCell选项文本框中，输入"A1"，如图11-49所示。

图11-48 弹出"属性"对话框

图11-49 输入"A1"

步骤04输入完成后，在对话框中单击空白位置处，在"Value"选项文本框中，即可显示相应链接，如图11-50所示。

步骤05执行操作后，关闭"属性"对话框，即可查看制作的二维码名片，如图11-51所示。

图11-50 显示相应链接

图11-51 查看制作的二维码名片

11.4 制作自动提醒产品库存表

超市里面的售卖物品很多，食物、用品等大都有保质期，在这些物品临近保质期时，超市会采取降价促销的方式来处理，以免库存过多，损失严重。下面介绍一个自动提醒产品到期的方法，帮助用户及时处理过期库存、及时补货。

实例93 设置产品到期提醒

产品到期时需要进行产品下架处理。如果人员足够，一天时间应该就能将产品下架了；在人员不足的情况下可以提前3～5天下架产品，我们可以利用TODAY函数来计算到期时间，然后利用条件格式设置到期提醒。下面介绍具体应用。

【实例93】设置产品到期提醒

视频文件

步骤01打开一个产品库存表素材文件，如图11-52所示。

图11-52 打开素材文件

步骤02选中G2：G9单元格，在编辑栏输入公式"=F2－TODAY()"，表示保质期时间减去当前日期，如图11-53所示。

图11-53 输入公式

步骤03按【Ctrl+Enter】组合键，即可批量返回日期差值，如图11-54所示。

步骤04在编辑栏中的公式后面，输入"<=5"，设置产品到期提前5天提醒，如图11-55所示。

图11-54　批量返回日期差值

图11-55　设置产品到期提前5天提醒

步骤05按【Ctrl+Enter】组合键结束确认，返回逻辑值为TRUE，则表示满足条件，产品即将在5天内到期，如图11-56所示。

图11-56　返回逻辑值

步骤06复制编辑栏中的公式，新建一个使用公式设置单元格格式的条件规则，打开"新建规则格式"对话框，在相应文本框中粘贴公式，如图11-57所示。

图11-57　粘贴公式

步骤07单击"格式"按钮，在"设置单元格格式"对话框中，设置"填充背景色"为"红色"，如图11-58所示。

图11-58　设置"填充背景色"为"红色"

步骤08单击"确定"按钮返回工作表，删除G列中的公式，查看设置产品到期提醒效果，如图11-59所示。

图11-59　查看设置产品到期提醒效果

实例94　设置产品促销提醒

当产品库存临近过期日期卖不完时，需要对产品进行促销处理，下面介绍设置产品促销提醒的具体操作方法。

【实例94】设置产品促销提醒

视频文件

步骤01选中H2：H9单元格，在编辑栏输入公式"=F2－TODAY()<C2/D2"，表示保

质期减去当前日期的天数小于库存除以日均销量的天数，如图11-60所示。

图11-60　输入公式

步骤02 按【Ctrl+Enter】组合键结束确认，返回逻辑值为TRUE，则表示满足条件，即产品库存在产品到期前卖不完，如图11-61所示。

图11-61　返回逻辑值

步骤03 复制编辑栏中的公式，新建一个使用公式设置单元格格式的条件规则，打开"新建格式规则"对话框，在相应文本框中粘贴公式，如图11-62所示。

图11-62　粘贴公式

步骤04 单击"格式"按钮，在"设置单元格格式"对话框中，设置"填充背景色"为"黄色"，如图11-63所示。

图11-63　设置"填充背景色"为"黄色"

步骤05 单击"确定"按钮返回工作表，删除H列中的公式，查看设置产品促销提醒效果，如图11-64所示。

图11-64　查看设置产品促销提醒效果

实例95　设置产品补货提醒

假设补货周期为每10天一次，当库存售卖天数不足10天时，该产品则需要及时补货，下面介绍设置产品补货提醒的具体操作。

【实例95】设置产品补货提醒

步骤01 选中I2：I9单元格，在编辑栏输入公式"=C2/D2<10"，表示库存除以日均销量的天数不足10天，如图11-65所示。

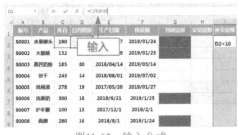

图11-65　输入公式

步骤02按【Ctrl+Enter】组合键结束确认，返回逻辑值为TRUE，则表示满足条件，即产品库存能在10天内卖完，如图11-66所示。

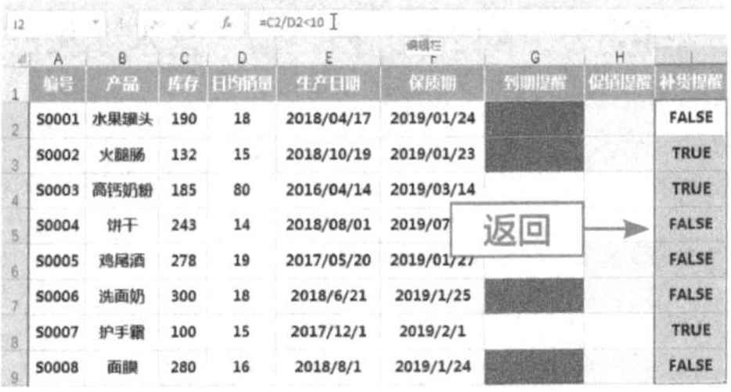

图11-66　返回逻辑值

步骤03复制编辑栏中的公式，新建一个使用公式设置单元格格式的条件规则，打开"新建格式规则"对话框，在相应文本框中粘贴公式，如图11-67所示。

图11-67　粘贴公式

步骤04单击"格式"按钮，在"设置单元格格式"对话框中，设置"填充背景色"为"绿色"，如图11-68所示。

步骤05单击"确定"按钮返回工作表，删除I列中的公式，查看设置产品补货提醒效

果，如图11-69所示。

图11-68　设置"填充背景色"为"绿色"

图11-69　查看设置产品补货提醒效果

11.5 制作营销抽奖活动表

现如今，电商、微商发展十分迅速，短短几年甚至几个月就能创建一个庞大的营销群体，并且经常会开展线下活动，几乎所有的线下活动都会有一个抽奖环节。当然，不仅这些营销活动会设置抽奖环节，一些综艺节目以及一些企业在举办年终活动时，都会在现场开展抽奖环节，一般这样的活动都会以座位号、工号等作为抽奖的号码，下面介绍如何在Excel中制作随机的抽奖表。

实例96 制作名单表格

假设现在有一个小型的100人的营销活

动，以这100个人的座位号为抽奖的号码，首先我们需要在Excel中制作一个抽奖用的名单表，下面介绍制作名单表格的方法。

【实例96】制作名单表格

步骤01 新建一个空白的工作表，选中A1单元格，在其中输入座位号"1001"，如图11-70所示。

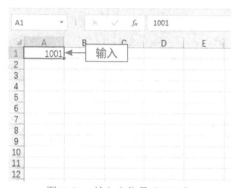

图11-70　输入座位号"1001"

步骤02 选中B1：J1单元格，在编辑栏输入公式"=A1+10"，如图11-71所示。

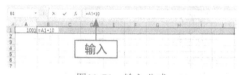

图11-71　输入公式

步骤03 按【Ctrl+Enter】组合键结束确认，即可返回相应号码，如图11-72所示。

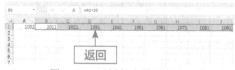

图11-72　返回相应号码（1）

步骤04 选中B2：J10单元格，在编辑栏输入公式"=A1+1"，如图11-73所示。

步骤05 按【Ctrl+Enter】组合键结束确认，

即可返回相应号码，如图11-74所示。

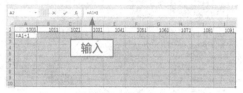

图11-73　输入公式

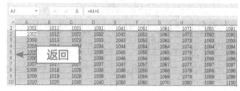

图11-74　返回相应号码（2）

步骤06 选中A12单元格，输入文本"按F9键随机抽取"，如图11-75所示。

	A	B	C	D	E
1	1001	1011	1021	1031	1041
2	1002	1012	1022	1032	1042
3	1003	1013	1023	1033	1043
4	1004	1014	1024	1034	1044
5	1005	1015	1025	1035	1045
6	1006	1016	1026	1036	1046
7	1007	1017	1027	1037	1047
8		1018	1028	1038	1048
9	1019	1019	1029	1039	1049
10	1010	1020	1030	1040	1050
11					
12	按F9键随机抽取				

图11-75　输入文本

步骤07 单击行与列交集处的小三角按钮，选中整个工作表，如图11-76所示。

	A	B	C	D	E
1	1001	1011	1021	1031	1041
2	1002	1012	1022	1032	1042
3	1003	1013	1023	1033	1043
4	1004	1014	1024	1034	1044
5	1005	1015	1025	1035	1045
6	1006	1016	1026	1036	1046
7	1007	1017	1027	1037	1047
8	1008	1018	1028	1038	1048
9	1009	1019	1029	1039	1049
10	1010	1020	1030	1040	1050
11					
12	按F9键随机抽取				
13					

图11-76　选中整个工作表

步骤08 调整列宽为6.25，如图11-77所示。

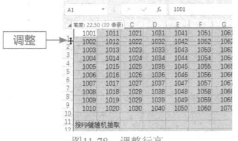

图11-77　调整列宽

步骤09调整行高为22.5，如图11-78所示。

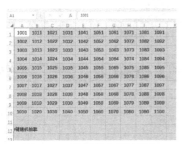

图11-78　调整行高

步骤10在功能区设置"对齐方式"为"居中"、字号为12并加粗，效果如图11-79所示。

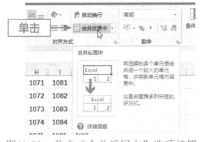

图11-79　设置字体属性效果

步骤11选中A12：C12单元格，在功能区单击"合并后居中"选项按钮，如图11-80所示。

图11-80　单击"合并后居中"选项按钮

实例97　输入函数公式

在Excel中，RANDBETWEEN函数可以返回两个指定数据之间的随机数据，在工作表中输入RANDBETWEEN函数公式，可以对名单中的座位号进行随机抽取，下面介绍具体应用。

【实例97】输入函数公式

视
频
文
件

步骤01选中D12单元格，在编辑栏输入公式"=RANDBETWEEN(A1,J10)"，如图11-81所示。

图11-81　输入公式

步骤02按回车键结束确认，即可返回随机抽取的座位号，按F9或在工作表中进行计算，都可以进行随机抽取，如图11-82所示。

图11-82　返回随机抽取的座位号

步骤03设置D12单元格中的"字体颜色"为"红色"，效果如图11-83所示。

图11-83　设置"字体颜色"为"红色"

实例98　制作抽奖光标

接下来，要通过条件格式来制作随机抽取后名单中的联动光标，使中奖的座位号单元格高亮显示，下面介绍具体应用。

【实例98】制作抽奖光标

视频文件

步骤01选中A1：J10单元格，新建一个使用公式设置单元格格式的条件规则，打开"新建格式规则"对话框，在相应文本框中输入公式"=A1=$D$12"，如图11-84所示。

图11-84　输入公式

步骤02单击"格式"按钮，在"设置单元格格式"对话框中，设置"字体颜色"为"白色"，如图11-85所示。

图11-85　设置"字体颜色"为"白色"

步骤03切换至"填充"选项卡，设置"背景色"为"红色"，如图11-86所示。

图11-86　设置"背景色"为"红色"

步骤04单击"确定"按钮返回工作表，查看抽奖光标的制作效果，如图11-87所示。

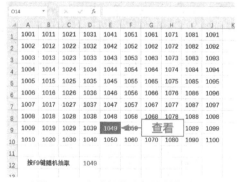

图11-87　查看抽奖光标的制作效果

11.6 制作分类汇总表

下面讲解一个不用公式和数据透视表，就能快速、高效在工作表中进行分类汇总的方法，帮助用户快速提升办公效率，给领导一份完美的汇总表。

实例99 按字段排序

图11-88所示为一份销售统计表，该表记录了各区域、各分组的销售状况。

编号	地区	销售组	姓名	销售量
190001	广东	1组	周露	180
190002	广东	2组	曹媛	115
190003	海南	2组	章衣衣	80
190004	海南	3组	沈笑笑	150
190005	海南	1组	柴静	135
190006	福建	2组	梁田	140
190007	福建	3组	杨阳洋	95
190008	广东	3组	刘源	100
190009	福建	1组	李昊	105
190010	广东	2组	王小利	125

图11-88 销售统计表

要对工作表中的分组和区域进行分类汇总，首先需要对整个表格进行排序操作，下面介绍具体应用。

【实例99】按字段排序
 视 频 文 件

步骤01 选中工作表中的A1：E11单元格，如图11-89所示。

步骤02 在"开始"功能区中，单击"排序和筛选"下拉按钮，在弹出的下拉列表中，选择"自定义排序"选项，如图11-90所示。

图11-89 选中A1：E11单元格

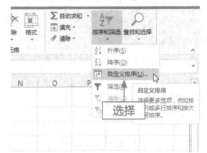

图11-90 选择"自定义排序"选项

步骤03 弹出"排序"对话框后，在其中单击"主要关键字"下拉按钮，在弹出的下拉列表中，选择"地区"选项，设置一级级别，如图11-91所示。

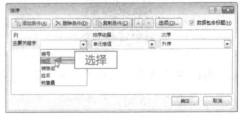

图11-91 选择"地区"选项

步骤04 单击"添加条件"按钮，单击下方弹出的"次要关键字"下拉按钮，在弹出的下拉列表中，选择"销售组"选项，设置二级级别，如图11-92所示。

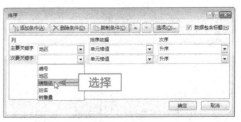

图11-92 选择"销售组"选项

步骤05 单击"确定"按钮，即可使工作表中的数据按字段排序，效果如图11-93所示。

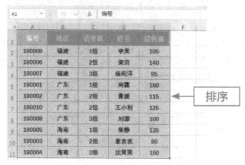

图11-93　按字段排序效果

实例100　添加级别分类汇总

将工作表中的数据按字段排序完成后，在上一例的基础上，即可添加级别进行分类汇总，下面介绍具体应用。

【实例100】添加级别分类汇总
视频文件

步骤01 选中工作表，单击"数据"菜单，在其功能区中，单击"分类汇总"按钮，如图11-94所示。

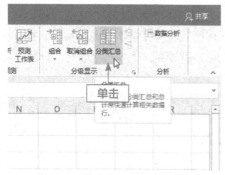

图11-94　单击"分类汇总"按钮

弹出"分类汇总"对话框，如图11-95所示。

图11-95　弹出"分类汇总"对话框

步骤02 单击"分类字段"下方的下拉按钮，在弹出的下拉列表中，选择"地区"选项，如图11-96所示。

图11-96　选择"地区"选项

步骤03 取消选中"替换当前分类汇总"复选框，如图11-97所示。

图11-97　取消选中相应复选框

步骤04 执行操作后，单击"确定"按钮，即可返回工作表，查看按"地区"级别分类汇总的效果，如图11-98所示。

编号	地区	销售组	姓名	销售量
190009	福建	1组	李昊	105
190006	福建	2组	梁田	140
190007	福建	3组	杨阳洋	95
	福建 汇总			340
190001	广东	1组	周露	180
190002	广东	2组	曹嫒	115
190010	广东	2组	王小利	125
190008	广东	3组	刘源	100
	广东 汇总			520
190005	海南	1组	柴静	135
190003	海南	2组	韦衣衣	80
190004	海南	3组	沈笑笑	150
	海南 汇总			365
	总计			1225

图11-98　按"地区"分类汇总效果

步骤05 用与上同样的方法，打开"分类汇总"对话框，单击"分类字段"下拉按钮，在弹出的下拉列表中，选择"销售组"选项，如图11-99所示。

图11-99　选择"销售组"选项

步骤06 执行操作后，单击"确定"按钮，即可返回工作表，查看按"销售组"级别分类汇总的效果，如图11-100所示。

图11-100　按"销售组"分类汇总效果

步骤07 单击标尺栏左侧的相应按钮，即可按相应级别展开工作表，查看汇总效果，如图11-101所示。

编号	地区	销售组	姓名	销售量
	福建 汇总			340
	福建 汇总			340
	广东 汇总			520
	广东 汇总			520
	海南 汇总			365
	海南 汇总			365
	总计			1225

图11-101　查看相应级别汇总效果

在Excel工作表中，下面这些常用的快捷键，可以帮助用户更方便、快捷地制作报表。

01 处理工作表

处理工作表		
序号	快捷键	功能
1	Shift+F11或Alt+Shift+F1	插入新工作表
2	Ctrl+PageDown	移动到工作簿中的下一张工作表
3	Ctrl+PageUp	移动到工作簿中的上一张工作表
4	Shift+Ctrl+PageDown	选定当前工作表和下一张工作表
5	Ctrl+PageDown	取消选定多张工作表
6	Ctrl+PageUp	选定其他的工作表
7	Shift+Ctrl+PageUp	选定当前工作表和上一张工作表
8	Alt+O H R	对当前工作表重命名
9	Alt+E M	移动或复制当前工作表
10	Alt+E L	删除当前工作表

02 Excel工作表内移动和滚动快捷键

Excel工作表内移动和滚动快捷键		
序号	快捷键	功能
1	箭头键	向上、下、左或右移动单元格
2	Ctrl+箭头键	移动到当前数据区域的边缘
3	Home	移动到首行
4	Ctrl+Home	移动到工作表的开头
5	Ctrl+End	移动到工作表的最后一个单元格
6	PageDown	向下移动一屏
7	PageUp	向上移动一屏
8	Alt+PageDown	向右移动一屏
9	Alt+PageUp	向左移动一屏
10	Ctrl+F6	切换到被拆分的工作表中的下一个窗格
11	Shift+F6	切换到被拆分的工作表中的上一个窗格
12	Ctrl+Backspace	滚动以显示活动单元格
13	F5	弹出"定位"对话框
14	Shift+F5	弹出"查找"对话框
15	Shift+F4	查找下一个

03 在选定区域内移动

序号	快捷键	功　　能
	在选定区域内移动	
1	Enter	在选定区域内从上往下移动
2	Shift+ Enter	在选定区域内从下往上移动
3	Tab	在选定区域内从左向右移动，或在受保护的工作表上的非锁定单元格之间移动
4	Shift+Tab	在选定区域内从右向左移动
5	Ctrl+。（句号）	按顺时针方向移动到选定区域的下一个角
6	Ctrl+Alt+→	在不相邻的选定区域中，向右切换到下一个选定区域
7	Ctrl+ Alt+←	向左切换到下一个不相邻的选定区域

04 以"结束"模式移动或滚动

序号	快捷键	功　　能
	以"结束"模式移动或滚动	
1	End	打开或关闭"结束"模式
2	End+箭头键	在一行或列内以数据块为单位移动
3	End+Home	移动到工作表的最后一个单元格
4	End+Enter	移动到当前行中最右边的非空单元格

05 在Scroll Lock打开的状态下移动和滚动

序号	快捷键	功　　能
	在Scroll Lock打开的状态下移动和滚动	
1	Scroll Lock	打开或关闭Scroll Lock
2	Home	移动到窗口左上角的单元格
3	End	移动到窗口右下角的单元格
4	↑或↓	向上或向下滚动一行
5	←或→	向左或向右滚动列

06 Excel选定单元格、行和列以及对象快捷键

序号	快捷键	功　　能
	Excel选定单元格、行和列以及对象快捷键	
1	Ctrl+A	选定整张工作表
2	Shift+Backspace	在选定了多个单元格的情况下，只选定活动单元格
3	Ctrl+ Shift+空格键	在选定了一个对象的情况下，选定工作表上的所有对象
4	Ctrl+6	在隐藏对象、显示对象和显示对象占位符之间切换

07 选定具有特定特征的单元格快捷键

序号	快 捷 键	功　　能
选定具有特定特征的单元格快捷键		
1	Ctrl+Shift+* (星号)	选定活动单元格周围的当前区域
2	Ctrl+/	选定包含活动单元格的数组
3	Ctrl+Shift+O	选定含有批注的所有单元格
4	Ctrl+\	在选定的行中选取与活动单元格中的值不匹配的单元格
5	Ctrl+ Shift+I	在选定的列中选取与活动单元格中的值不匹配的单元格
6	Ctrl+[(左方括号)	选取由选定区域中的公式直接引用的所有单元格
7	Ctrl+Shift+{ (左大括号)	选取由选定区域中的公式直接或间接引用的所有单元格
8	Ctrl+] (右方括号)	选取包含直接引用活动单元格的公式的单元格
9	Ctrl+Shift+} (右大括号)	选取包含直接或间接引用活动单元格的公式的单元格
10	Alt+；(分号)	选取当前选定区域中的可见单元格

08 Excel扩展选定区或快捷键

序号	快 捷 键	功　　能
Excel扩展选定区或快捷键		
1	F8	打开或关闭扩展模式
2	Shift+箭头键	将选定区域扩展一个单元格
3	Ctrl+Shift+箭头键	将选定区域扩展到与活动单元格在同一列或同一行的最后一个非空单元格
4	Shift+Home	将选定区域扩展到首行
5	Ctrl+Shift+Home	将选定区域扩展到工作表的开始处
6	Ctrl+Shift+End	将选定区域扩展到工作表上最后一个使用的单元格(右下角)
7	Shift+PageDown	将选定区域向下扩展一屏
8	Shift+PageUp	将选定区域向上扩展一屏
9	End+Shift+箭头键	将选定区域扩展到与活动单元格在同一列或同一行的最后一个非空单元格
10	End+Shift+Home	将选定区域扩展到工作表的最后一个使用的单元格(右下角)
11	End+Shift+Enter	将选定区域扩展到当前行中的最后一个单元格
12	Scroll Lock+Shift+Home	将选定区域扩展到窗口左上角的单元格
13	Scroll Lock+Shift+End	将选定区域扩展到窗口右下角的单元格

		用于输入、编辑、设置格式和计算数据的按键	
序号	快捷键		功　能
1	Enter		完成单元格输入并选取下一个单元
2	Alt+ Enter		在单元格中换行
3	Ctrl+ Enter		用当前输入项填充选定的单元格区域
4	Shift+ Enter		完成单元格输入并向上选取上一个单元格
5	Tab		完成单元格输入并向右选取下一个单元格
6	Shift+Tab		完成单元格输入并向左选取上一个单元格
7	Esc		取消单元格输入
8	箭头键		向上、下、左或右移动一个字符
9	Home		移到首行
10	F4或Ctrl+Y		重复上一次操作
11	Ctrl+ Shift+F3		由行列标志创建名称
12	Ctrl+D		向下填充
13	Ctrl+R		向右填充
14	Ctrl+F3		定义名称
15	Ctrl+K		插入超链接
16	Enter		激活超链接
17	Ctrl+；（分号）		输入日期
18	Ctrl+Shift+：（冒号）		输入时间
19	Alt+↓		显示清单的当前列中的数值下拉列表
20	Ctrl+Z		撤销上一次操作

10 输入特殊字符

		输入特殊字符	
序号	快捷键		功　能
1	Alt+0162		输入货币分的字符¢
2	Alt+0163		输入英镑字符£
3	Alt+0165		输入日元符号¥
4	Alt+0128		输入欧元符号€

11 输入并计算公式

序号	快捷键	功能
	输入并计算公式	
1	F2	关闭单元格的编辑状态后，将插入点移动到编辑栏内
2	Backspace	在编辑栏内，向左删除一个字符
3	Enter	在单元格或编辑栏中完成单元格输入
4	Ctrl+ Shift+ Enter	将公式作为数组公式输入
5	Esc	取消单元格或编辑栏中的输入
6	Shift+F3	在公式中，显示"插入函数"对话框
7	Ctrl+A	当插入点位于公式中公式名称的右侧时，弹出"函数参数"对话框
8	Ctrl+Shift+A	当插入点位于公式中函数名称的右侧时，插入参数名和括号
9	F3	将定义的名称粘贴到公式中
10	Alt+= (等号)	用SUM函数插入"自动求和"公式
11	Ctrl+ Shift+" (双引号)	将活动单元格上方单元格中的数值复制到当前单元格或编辑栏
12	Ctrl+' (撇号)	将活动单元格上方单元格中的公式复制到当前单元格或编辑栏
13	Ctrl+` (左单引号)	在显示单元格值和显示公式之间切换
14	F9	计算所有打开的工作簿中的所有工作表
15	Shift+F9	计算活动工作表
16	Ctrl+Alt+F9	计算打开的工作簿中的所有工作表，无论其在上次计算后是否进行了更改

12 编辑数据

序号	快捷键	功能
	编辑数据	
1	F2	编辑活动单元格，并将插入点放置到单元格内容末尾
2	Alt+Enter	在单元格中换行
3	Del	删除插入点右侧的字符或删除选定区域
4	Ctrl+Del	删除插入点到行末的文本
5	F7	弹出"拼写检查"对话框
6	Shift+F2	编辑单元格批注
7	Enter	完成单元格输入，并向下选取下一个单元格
8	Ctrl+Z	撤销上一次操作
9	Esc	取消单元格输入
10	Ctrl+ Shift+Z	弹出"自动更正"智能标记时，撤销或恢复上一次的自动更正

13 Excel中插入、删除和复制单元格快捷键

序号	快捷键	功能
	Excel中插入、删除和复制单元格快捷键	
1	Ctrl+C	复制选定的单元格
2	Ctrl+C，再次按Ctrl+C	显示Microsoft Office剪贴板(多项复制与粘贴)
3	Ctrl+X	剪切选定的单元格
4	Ctrl+V	粘贴复制的单元格
5	Del	清除选定单元格的内容
6	Ctrl+--（连字符）	删除选定的单元格
7	Ctrl+Shift++（加号）	插入空白单元格

14 设置数据的格式快捷键

序号	快捷键	功能
	设置数据的格式快捷键	
1	Alt+'（撇号）	弹出"样式"对话框
2	Ctrl+1	弹出"单元格格式"对话框
3	Ctrl+Shift+~	应用"常规"数字格式
4	Ctrl+Shift+$	应用带两个小数位的"货币"格式(负数在括号中)
5	Ctrl+ Shift+%	应用不带小数位的"百分比"格式
6	Ctrl+Shift+^	应用带两个小数位的"科学记数"数字格式
7	Ctrl+Shift+#	应用含年、月、日的"日期"格式
8	Ctrl+ Shift+@	应用含小时和分钟并标明上午或下午的"时间"格式
9	Ctrl+B	应用或取消加粗格式
10	Ctrl+I	应用或取消字体倾斜格式
11	Ctrl+U	应用或取消下划线
12	Ctrl+5	应用或取消删除线
13	Ctrl+9	隐藏选定行
14	Ctrl+Shift+（左括号）	取消选定区域内的所有隐藏行的隐藏状态
15	Ctrl+0	隐藏选定列
16	Ctrl+Shift+)（右括号）	取消选定区域内的所有隐藏列的隐藏状态
17	Ctrl+Shift+&	对选定单元格应用外边框
18	Ctrl+Shift+	取消选定单元格的外边框

15 使用"单元格格式"对话框中的"边框"选项卡

序号	快 捷 键	功　　能
	使用"单元格格式"对话框中的"边框"选项卡	
1	Alt+T	应用或取消上框线
2	Alt+B	应用或取消下框线
3	Alt+L	应用或取消左框线
4	Alt+R	应用或取消右框线
5	Alt+H	如果选定了多行中的单元格，则应用或取消水平分隔线
6	Alt+V	如果选定了多列中的单元格，则应用或取消垂直分隔线
7	Alt+D	应用或取消下对角框线
8	Alt+U	应用或取消上对角框线

16 创建图表和选定图表元素

序号	快 捷 键	功　　能
	创建图表和选定图表元素	
1	F11或Alt+F1	创建当前区域中数据的图表
2	↓	选定图表中的上一组元素
3	↑	选择图表中的下一组元素
4	→	选择分组中的下一个元素
5	←	选择分组中的上一个元素

17 使用数据表单（"数据"菜单上的"记录单"命令）

序号	快 捷 键	功　　能
	使用数据表单（"数据"菜单上的"记录单"命令）	
1	↓	移动到下一条记录中的同一字段
2	↑	移动到上一条记录中的同一字段
3	Tab和Shift+Tab	移动到记录中的每个字段，然后移动到每个命令按钮
4	Enter	移动到下一条记录的首字段
5	Shift+ Enter	移动到上一条记录的首字段
6	Page Down	移动到前10条记录的同一字段
7	Ctrl+Page Down	开始一条新的空白记录
8	Page Up	移动到后10条记录的同一字段
9	Ctrl+Page Up	移动到首记录
10	Home或End	移动到字段的开头或末尾
11	Shift+End	将选定区域扩展到字段的末尾
12	Shift+Home	将选定区域扩展到字段的开头
13	←或→	在字段内向左或向右移动个字符
14	Shift+←	在字段内选定左边的一个字符
15	Shift+→	在字段内选定右边的一个字符

18 筛选区域"数据"菜单上的"自动筛选"命令

序号	快捷键	功能
	筛选区域"数据"菜单上的"自动筛选"命令	
1	Alt+↓	在包含下拉箭头的单元格中，显示当前列的"自动筛选"列表
2	↓	选择"自动筛选"列表中的下一项
3	↑	选择"自动筛选"列表中的上一项
4	Alt+↑	关闭当前列的"自动筛选"列表
5	Home	选择"自动筛选"列表中的第一项（"全部"）
6	End	选择"自动筛选"列表中的最后一项
7	Enter	根据"自动筛选"列表中的选项筛选区域

19 显示、隐藏和分级显示数据快捷键

序号	快捷键	功能
	显示、隐藏和分级显示数据快捷键	
1	Alt+ Shift+→	对行或列分组
2	Alt+ Shift +←	取消行或列分组
3	Ctrl+8	显示或隐藏分级显示符号
4	Ctrl+9	隐藏选定的行
5	Ctrl+Shift+（左括号）	取消选定区域内的所有隐藏行的隐藏状态
6	Ctrl+0（零）	隐藏选定的列
7	Ctrl+Shift）（右括号）	取消选定区域内的所有隐藏列的隐藏状态